U0370138

国家出版基金资助项目
现代数学中的著名定理纵横谈丛书
丛书主编　王梓坤

PICK THEOREM

Pick定理

刘培杰数学工作室 编

哈尔滨工业大学出版社
HARBIN INSTITUTE OF TECHNOLOGY PRESS

内容简介

本书从一道国际数学奥林匹克候选题谈起,引出毕克定理.全书介绍了毕克定理、毕克定理和黄金比的无理性、格点多边形和数 $2i+7$、闵嗣鹤论格点多边形的面积公式、空间格点三角形的面积、从施瓦兹到毕克到阿尔弗斯及其他、美国中学课本中的有关平面格点的内容.阅读本书可全面地了解毕克定理以及毕克定理在数学中的应用.

本书适合高中生、大学生以及数学爱好者阅读和收藏.

图书在版编目(CIP)数据

Pick 定理 / 刘培杰数学工作室编. —哈尔滨:哈尔滨工业大学出版社,2017.5

(现代数学中的著名定理纵横谈丛书)

ISBN 978 - 7 - 5603 - 6091 - 1

Ⅰ.①P… Ⅱ.①刘… Ⅲ.①面积定理 Ⅳ.①O437

中国版本图书馆 CIP 数据核字(2016)第 149318 号

策划编辑　刘培杰　张永芹
责任编辑　杨明蕾　刘立娟
封面设计　孙茵艾
出版发行　哈尔滨工业大学出版社
社　　址　哈尔滨市南岗区复华四道街 10 号　邮编 150006
传　　真　0451 - 86414749
网　　址　http://hitpress.hit.edu.cn
印　　刷　哈尔滨市石桥印务有限公司
开　　本　787mm×960mm　1/16　印张 11.75　字数 120 千字
版　　次　2017 年 5 月第 1 版　2017 年 5 月第 1 次印刷
书　　号　ISBN 978 - 7 - 5603 - 6091 - 1
定　　价　68.00 元

读书的乐趣

你最喜爱什么——书籍.

你经常去哪里——书店.

你最大的乐趣是什么——读书.

这是友人提出的问题和我的回答.真的,我这一辈子算是和书籍,特别是好书结下了不解之缘.有人说,读书要费那么大的劲,又发不了财,读它做什么? 我却至今不悔,不仅不悔,反而情趣越来越浓.想当年,我也曾爱打球,也曾爱下棋,对操琴也有兴趣,还登台伴奏过.但后来却都一一断交,"终身不复鼓琴".那原因便是怕花费时间,玩物丧志,误了我的大事——求学.这当然过激了一些.剩下来唯有读书一事,自幼至今,无日少废,谓之书痴也可,谓之书橱也可,管它呢,人各有志,不可相强.我的一生大志,便是教书,而当教师,不多读书是不行的.

读好书是一种乐趣,一种情操;一种向全世界古往今来的伟人和名人求

1

教的方法,一种和他们展开讨论的方式;一封出席各种活动、体验各种生活、结识各种人物的邀请信;一张迈进科学官殿和未知世界的入场券;一股改造自己、丰富自己的强大力量.书籍是全人类有史以来共同创造的财富,是永不枯竭的智慧的源泉.失意时读书,可以使人重整旗鼓;得意时读书,可以使人头脑清醒;疑难时读书,可以得到解答或启示;年轻人读书,可明奋进之道;年老人读书,能知健神之理.浩浩乎! 洋洋乎! 如临大海,或波涛汹涌,或清风微拂,取之不尽,用之不竭.吾于读书,无疑义矣,三日不读,则头脑麻木,心摇摇无主.

潜能需要激发

我和书籍结缘,开始于一次非常偶然的机会.大概是八九岁吧,家里穷得揭不开锅,我每天从早到晚都要去田园里帮工.一天,偶然从旧木柜阴湿的角落里,找到一本蜡光纸的小书,自然很破了.屋内光线暗淡,又是黄昏时分,只好拿到大门外去看.封面已经脱落,扉页上写的是《薛仁贵征东》.管它呢,且往下看.第一回的标题已忘记,只是那首开卷诗不知为什么至今仍记忆犹新:

日出遥遥一点红,飘飘四海影无踪.

三岁孩童千两价,保主跨海去征东.

第一句指山东,二、三两句分别点出薛仁贵(雪、人贵).那时识字很少,半看半猜,居然引起了我极大的兴趣,同时也教我认识了许多生字.这是我有生以来独立看的第一本书.尝到甜头以后,我便千方百计去找书,向小朋友借,到亲友家找,居然断断续续看了《薛丁山征西》《彭公案》《二度梅》等,樊梨花便成了我心中的女英雄.我真入迷了.从此,放牛也罢,车水也罢,我总要带一本书,还练出了边走田间小路边读书的本领,读得津津有味,不知人间别有他事.

当我们安静下来回想往事时,往往会发现一些偶然的小事却影响了自己的一生.如果不是找到那本《薛仁贵征东》,我的好学心也许激发不起来.我这一生,也许会走另一条路.人的潜能,好比一座汽油库,星星之火,可以使它雷声隆隆、光照天地;但若少了这粒火星,它便会成为一潭死水,永归沉寂.

抄,总抄得起

好不容易上了中学,做完功课还有点时间,便常光顾图书馆.好书借了实在舍不得还,但买不到也买不起,便下决心动手抄书.抄,总抄得起.我抄过林语堂写的《高级英文法》,抄过英文的《英文典大全》,还抄过《孙子兵法》,这本书实在爱得狠了,竟一口气抄了两份.人们虽知抄书之苦,未知抄书之益,抄完毫末俱见,一览无余,胜读十遍.

始于精于一,返于精于博

关于康有为的教学法,他的弟子梁启超说:"康先生之教,专标专精、涉猎二条,无专精则不能成,无涉猎则不能通也."可见康有为强烈要求学生把专精和广博(即"涉猎")相结合.

在先后次序上,我认为要从精于一开始.首先应集中精力学好专业,并在专业的科研中做出成绩,然后逐步扩大领域,力求多方面的精.年轻时,我曾精读杜布(J. L. Doob)的《随机过程论》,哈尔莫斯(P. R. Hal-mos)的《测度论》等世界数学名著,使我终身受益.简言之,即"始于精于一,返于精于博".正如中国革命一

3

样,必须先有一块根据地,站稳后再开创几块,最后连成一片.

丰富我文采,澡雪我精神

辛苦了一周,人相当疲劳了,每到星期六,我便到旧书店走走,这已成为生活中的一部分,多年如此.一次,偶然看到一套《纲鉴易知录》,编者之一便是选编《古文观止》的吴楚材.这部书提纲挈领地讲中国历史,上自盘古氏,直到明末,记事简明,文字古雅,又富于故事性,便把这部书从头到尾读了一遍.从此启发了我读史书的兴趣.

我爱读中国的古典小说,例如《三国演义》和《东周列国志》.我常对人说,这两部书简直是世界上政治阴谋诡计大全.即以近年来极时髦的人质问题(伊朗人质、劫机人质等),这些书中早就有了,秦始皇的父亲便是受害者,堪称"人质之父".

《庄子》超尘绝俗,不屑于名利.其中"秋水""解牛"诸篇,诚绝唱也.《论语》束身严谨,勇于面世,"己所不欲,勿施于人",有长者之风.司马迁的《报任少卿书》,读之我心两伤,既伤少卿,又伤司马;我不知道少卿是否收到这封信,希望有人做点研究.我也爱读鲁迅的杂文,果戈理、梅里美的小说.我非常敬重文天祥、秋瑾的人品,常记他们的诗句:"人生自古谁无死,留取丹心照汗青""休言女子非英物,夜夜龙泉壁上鸣".唐诗、宋词、《西厢记》《牡丹亭》,丰富我文采,澡雪我精神,其中精粹,实是人间神品.

读了邓拓的《燕山夜话》,既叹服其广博,也使我动了写《科学发现纵横谈》的心.不料这本小册子竟给我招来了上千封鼓励信.以后人们便写出了许许多多的"纵横谈".

从学生时代起,我就喜读方法论方面的论著.我想,做什么事情都要讲究方法,追求效率、效果和效益,方法好能事半而功倍.我很留心一些著名科学家、文学家写的心得体会和经验.我曾惊讶为什么巴尔扎克在51年短短的一生中能写出上百本书,并从他的传记中去寻找答案.文史哲和科学的海洋无边无际,先哲们的明智之光沐浴着人们的心灵,我衷心感谢他们的恩惠.

读书的另一面

以上我谈了读书的好处,现在要回过头来说说事情的另一面.

读书要选择.世上有各种各样的书:有的不值一看,有的只值看20分钟,有的可看5年,有的可保存一辈子,有的将永远不朽.即使是不朽的超级名著,由于我们的精力与时间有限,也必须加以选择.决不要看坏书,对一般书,要学会速读.

读书要多思考.应该想想,作者说得对吗?完全吗?适合今天的情况吗?从书本中迅速获得效果的好办法是有的放矢地读书,带着问题去读,或偏重某一方面去读.这时我们的思维处于主动寻找的地位,就像猎人追找猎物一样主动,很快就能找到答案,或者发现书中的问题.

有的书浏览即止,有的要读出声来,有的要心头记住,有的要笔头记录.对重要的专业书或名著,要勤做笔记,"不动笔墨不读书".动脑加动手,手脑并用,既可加深理解,又可避忘备查,特别是自己的灵感,更要及时抓住.清代章学诚在《文史通义》中说:"札记之功必不可少,如不札记,则无穷妙绪如雨珠落大海矣."

许多大事业、大作品,都是长期积累和短期突击相结合的产物.涓涓不息,将成江河;无此涓涓,何来江河?

爱好读书是许多伟人的共同特性,不仅学者专家如此,一些大政治家、大军事家也如此.曹操、康熙、拿破仑、毛泽东都是手不释卷,嗜书如命的人.他们的巨大成就与毕生刻苦自学密切相关.

王梓坤

2

毕克(Pick)定理

第 1 章

§1 从一道北京高考试题的解法谈起

北京历来是中国的风向标,高考亦不例外. 据吕大军、王芝平两位特级教师评价:

新课标高考以来,北京数学卷整体设计更加平实大气,不纠缠于细枝末节,对数学思维考查的比例较大,题型简洁清新,形成了北京卷试题独有的风格和魅力. 特别是各题型的压轴题背景新颖、内涵丰富,而其解法具有质朴、思想深刻等特点,注重考查考生抽象概括能力、推理论证能力、数据处理能力及分析问题和解决问题的能力. 特别是第 20 题跳出了以往"偏、难、怪"和无人问津的怪圈,既有非常好的选拔功能,又为中学数学教学指明了方向. 下面我们举一个例子来说明其中所蕴含的深刻背景:

设 $A(0,0)$, $B(4,0)$, $C(t+4,4)$, $D(t,4)$ ($t \in \mathbf{R}$). 记 $N(t)$ 为平行四边形 $ABCD$ 内部(不含边界)的整点的个数,其中整点是指横、纵坐标都是整数的点. 则函数 $N(t)$ 的值域为(   ).

A. $\{9,10,11\}$ B. $\{9,10,12\}$

C. $\{9,11,12\}$ D. $\{10,11,12\}$

赏析   此题以"整点"问题为背景,通过简单的数学知识考查了数形结合与分类讨论思想,以及考生的自主探索能力,实践操作能力,观察、归纳、猜想的能力,能很好地甄别考生的数学综合素养. 如图 1 所示,

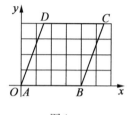

图 1

虽然 C, D 是动点,但它们却在直线 $y = 4$ 上,且 $CD = 4$. 易知四边形 $ABCD$ 是平行四边形,其内部的整点都在直线 $y = k$ ($k = 1, 2, 3$)落在四边形 $ABCD$ 内部的线段上,因为这样的线段长度总等于 4,所以每条线段上的整点有 3 或 4 个,所以 $9 \leqslant N(t) \leqslant 12$. 再根据不同取值进行讨论:

当 $t = 0$ 时,$N(t) = 9$;当 $0 < t < 1$ 时,$N(t) = 12$;当 $t = \dfrac{4}{3}$,即直线 AD 过点 $(1, 3)$ 时,$N(t) = 11$. 可知选 C.

其实利用毕克定理,我们可以给出一个简捷而又利于推广的解法:

设 S_n 是四边形 $ABCD$ 的面积,C_n 是四边形内部(不含边界)的整点的个数,即题目中的 $N(t)$,B_n 是四边形边界上的整点个数. 则由毕克定理知

$$S_n = C_n + \frac{1}{2} B_n - 1$$

由此易知 $\qquad S_n = 4 \times 4 = 16$

当四边形 $ABCD$ 为正方形,即 $t = 0$ 时

$$\max B_n = 16$$

可选适当的 t,使 AD 及 BC 上均无整点,此时

$$\min B_n = 10$$

故 $\qquad C_n = S_n - \dfrac{1}{2}B_n + 1 = 17 - \dfrac{1}{2}B_n$

因为 $10 \leqslant B_n \leqslant 16$,故 $9 \leqslant C_n \leqslant 12$. 故选 C.

读者可以看出赏析中所给的解法对于较小的四边形易处理,对于较大的四边形很复杂,而后面给出的解法均可.

一、一道竞赛试题的解答

在第 64 届俄罗斯圣彼得堡数学奥林匹克中有一试题:

求证:平面上的整点凸 $2n$ 边形的面积不小于 $\dfrac{n(n-1)}{2}$.

证明　若 $2n$ 边形 T 为中心对称图形(即它的边配成 n 对,每对边平行且相等),对 n 归纳可证 T 可以分割为 $\dfrac{n(n-1)}{2}$ 个整点平行四边形,而由毕克定理,每个整点平行四边形的面积不小于 1,故结论成立. 以下记 $f(x) = \dfrac{x(x-1)}{2}$.

如图 2 所示,对于任意的 T,它被一条直径 L 分割为两个凸多边形 T_1,T_2(可有一个退缩为一边),设它们的边数为 $k+1$,$m+1$($k+m=2n$),分别关于 L 的中点的对称形为 T_1^{*},T_2^{*}. 由于 L 是 T 的对角线或边,故 T_1,T_2,T_1^{*},T_2^{*} 都是整点多边形. 又由 L 的最大性,它与邻边的夹角为锐角，故 $T_1 \cup T_1^*$，$T_2 \cup T_2^*$ 为凸. 因而 $S(T_1 \cup T_1^*) \geqslant f(k)$，$S(T_2 \cup T_2^*) \geqslant f(m)$.

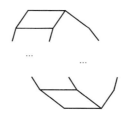

图 2

最后由对称性及函数 $f(x)$ 的下凸性得到

$$
\begin{aligned}
S(T) &= S(T_1) + S(T_2) \\
&= \frac{1}{2}(S(T_1 \cup T_1^*) + S(T_2 \cup T_2^*)) \\
&\geqslant \frac{1}{2}(f(k) + f(m)) \\
&\geqslant f\left(\frac{k+m}{2}\right) \\
&= f(n)
\end{aligned}
$$

在上述证明中用到了一个对国内读者来说十分冷僻的定理，即毕克定理.

二、格点

在平面直角坐标系中，纵坐标和横坐标都是整数的点叫作格点（也可叫作整点）. 格点坐标的整数性质、格点分布的离散性和对称性都是解格点问题的重要依据. 在本小节中，我们将简要介绍格点的概念、性质及其应用.

1. 格点的性质.

定理 1 若点 A 的坐标是整数或半整数，则任一整点 P 关于点 A 的对称点 Q 也是整点.

证明　不妨设 $A\left(\dfrac{m}{2},\dfrac{n}{2}\right),P(a,b),Q(x,y)$,其中 m,n,a,b 都是整数,于是

$$\begin{cases} \dfrac{a+x}{2}=\dfrac{m}{2} \\[2mm] \dfrac{b+y}{2}=\dfrac{n}{2} \end{cases}$$

解得　　　　　　　$x=m-a,y=n-b$

故 x,y 都是整数.

例 1　若平行四边形 $A_1A_2A_3A_4$ 有 3 个顶点为整点,则第 4 个顶点也是整点.

证明　我们不妨设平行四边形 $A_1A_2A_3A_4$ 中,A_1,A_2,A_3 是整点,联结 A_1A_3 和 A_2A_4,设交点为 O. 由于 O 是 A_1A_3 的中点,且 A_1,A_3 都是整点,因此 O 的坐标都是整数或半整数. 又由于 A_2 是整点,因此由定理 1 知,A_4 是整点(图 3).

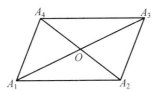

图 3

定理 2(闵可夫斯基(Minkowski)定理)　如果一个关于原点对称的凸图形的面积大于 4,那么,它的内部除原点外,一定还有别的格点.

证明　先用与坐标轴的距离为偶数的两组平行线将平面划分成无穷多个 2×2 的正方形,这些 2×2 的正方形把凸图形分成了若干块,每个与凸图形相交的 2×2 正方形中都有一块. 将含有凸图形块的 2×2 正

5

方形重叠在一起,由于所有凸图形块的面积和大于 4,而 2×2 正方形的面积为 4,因此至少有两个凸图形块在重叠时有公共点. 不妨设一个凸图形块上的点 $A(x_1, y_1)$ 与另一个凸图形块上的点 $B(x_2, y_2)$,在随着 2×2 的正方形重叠时恰好重合. 显然,A,B 两点的横坐标之差与纵坐标之差都是偶数,即

$$\begin{cases} x_2 - x_1 = 2m \\ y_2 - y_1 = 2n \end{cases}$$

其中 m,n 是整数,且不全为零. 由于凸图形关于原点对称,$A(x_1, y_1)$ 在凸图形中,因此 A 关于原点的对称点 $A'(-x_1, -y_1)$ 也在凸图形中. 由于图形是凸的,因此凸图形中的两点 A', B 的中点 $C\left(\dfrac{x_2 - x_1}{2}, \dfrac{y_2 - y_1}{2}\right)$ 也在凸图形中,即 $C(m, n)$ 在凸图形中,C 就是凸图形中除原点之外的另一个格点,故命题得证.

格点题是近几年数学中考试题的一大特色,其在数学探究性学习方面有着积极的导向作用,试题本身也具有较高的研究价值. 如 2013 年浙江省湖州市数学中考试题中的格点题.

如图 4 所示,在 10×10 的网格中,每个小方格都是边长为 1 的小正方形,每个小正方形的顶点称为格点. 若抛物线经过图中的 3 个格点,则以这 3 个格点为顶点的三角形称为抛物线的"内接格点三角形". 以 O 为坐标原点建立如图 4 所示的平面直角坐标系,若抛物线与网格对角线 OB 的 2 个交点之间的距离为 $3\sqrt{2}$,且这 2 个交点与抛物线的顶点是抛物线的内接格点三角形的 3 个顶点,则满足上述条件且对称轴平行于 y 轴的抛物线条数是(　　).

A. 7　　　B. 17　　　C. 24　　　D. 28

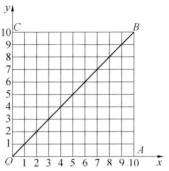

图 4

解法 1　构图法.

在解决问题之前来研究抛物线上横坐标间距相同的点的纵坐标所具有的特征.

引理 1　点 (x_i, y_i)(i 取正整数)是二次函数 $y = ax^2 + bx + c$($a \neq 0$)图像上的点,若有

$$x_2 - x_1 = x_3 - x_2 = x_4 - x_3 = \cdots = x_{i+1} - x_i = \cdots = d$$

设 $\Delta y_i = y_{i+1} - y_i$,则 $\Delta y_{i+1} - \Delta y_i = 2ad^2$.

证明

$$\Delta y_{i+1} - \Delta y_i$$
$$= (y_{i+2} - y_{i+1}) - (y_{i+1} - y_i)$$
$$= [(ax_{i+2}^2 + bx_{i+2} + c) - (ax_{i+1}^2 + bx_{i+1} + c)] -$$
$$[(ax_{i+1}^2 + bx_{i+1} + c) - (ax_i^2 + bx_i + c)]$$
$$= (ax_{i+2}^2 - ax_{i+1}^2 + bx_{i+2} - bx_{i+1}) -$$
$$(ax_{i+1}^2 - ax_i^2 + bx_{i+1} - bx_i)$$
$$= (x_{i+2} - x_{i+1})[a(x_{i+2} + x_{i+1}) + b] -$$
$$(x_{i+1} - x_i)[a(x_{i+1} + x_i) + b]$$
$$= d[a(x_{i+2} + x_{i+1}) + b - a(x_{i+1} + x_i) - b]$$

$$= d\left[a\left(x_{i+2} - x_{i+1} \right) + a\left(x_{i+1} - x_i \right) \right]$$
$$= d \cdot 2ad = 2ad^2$$

特别地,当 $d = 1$ 时,$\Delta y_{i+1} - \Delta y_i = 2a$,即当横坐标每增加 1 个单位时,纵坐标的增量每次增加 $2a$,是一个定值.

再看试题,如图 5 所示,先研究过点 $O(0,0)$,$D(3,3)$ 的开口向下且顶点也落在格点上的抛物线,可分成两类讨论:

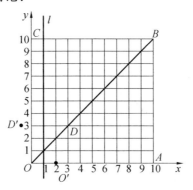

图 5

(1)当抛物线与 OB 的两个交点位于对称轴的两侧时(以点 O,D 为例),此时对称轴有两种可能:

①对称轴为直线 $x = 1$. 如图 5 所示,作出点 D 与点 O 关于直线 $x = 1$ 的对称点 D' 和 O',则 $DD' > OO'$,这与抛物线开口向下矛盾,因此,以直线 $x = 1$ 为对称轴,过点 $O(0,0)$,$D(3,3)$ 的开口向下且顶点也落在格点上的抛物线不存在.

②对称轴为直线 $x = 2$. 如图 6 所示,设此时过点 O,D,D',O' 的顶点为格点,开口向下的抛物线的顶点为 $E(2,k)$,则它们的纵坐标如表 1 所示.

8

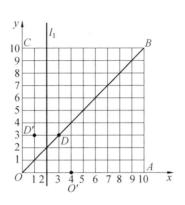

图 6

表 1　格点 O,D,E,D',O' 的对应值

格点	O	D	E	D'	O'
纵坐标	0	3	k	3	0
一阶增量		3	$k-3$	$3-k$	-3
二阶增量($2a$)			$k-6$	$6-2k$	$k-6$

由引理 1 可知，$k-6=6-2k$，解得 $k=4$，其中二阶增量 $2a=-2$，于是 $a=-1$，此抛物线方程为 $y=-(x-2)^2+4$.

根据①②可构造出如图 7 所示的基本图形，即过点 $(t,t),(t+2,t+4),(t+3,t+3)$ 的抛物线是符合试题条件的抛物线. 又因为 $\begin{cases} t+4 \leqslant 10 \\ t \geqslant 0 \end{cases}$，所以 $0 \leqslant t \leqslant 6$（$t$ 为整数）. 故将这个基本图形沿 OB 方向平移可得 7 条符合条件的抛物线. 再考虑开口向下的抛物线，同样也可以得到 7 条抛物线，共有 14 条(图 8).

9

Pick 定理

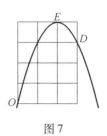

图 7

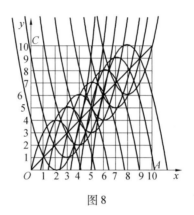

图 8

（2）当抛物线与 OB 的两个交点位于对称轴的同侧时（仍以点 O，D 为例）．

由（1）中②的构图方法可知，此时过点 O，D，开口向下且符合条件的抛物线顶点的纵坐标为 4，而点 O，D，E 的水平间距相等，故符合条件的顶点坐标为 $E(6, 4)$（图 9），此类抛物线的基本图形为经过点 (t, t)，$(t+3, t+3)$，$(t+6, t+4)$ 的抛物线．由 $\begin{cases} t+6 \leqslant 10 \\ t \geqslant 0 \end{cases}$，得 $0 \leqslant t \leqslant 4$（$t$ 为整数），此时共有 5 条抛物线，同理开口向上的也有 5 条，共 10 条（图 10）．

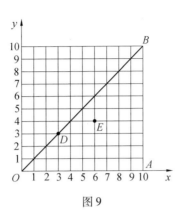

图 9

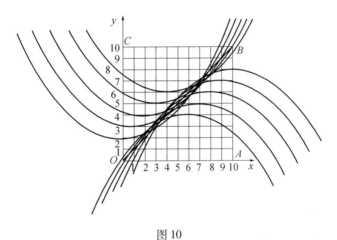

图 10

综合(1)(2)可知符合题意的抛物线共有 24 条.故选 C.

解法 2　待定系数法.

假设符合试题条件的抛物线顶点坐标为 $(-m, k)$,则抛物线的解析式为 $y = a(x+m)^2 + k$. 以过点 O,D 的抛物线为例,将 $O(0,0)$,$D(3,3)$ 代入 $y = a(x+m)^2 +$

k,从而

$$\begin{cases} 0 = am^2 + k \\ 3 = a(m+3)^2 + k \end{cases}$$

消去 a,得 $k = -\dfrac{m^2}{2m+3}$(其中 $-10 \le m \le 0$,且 m 为整数). 计算可得 m 分别为 -6,-3,-2,-1,0 时,k 分别为 4,3,4,-1,0. 因此格点的顶点可能为$(6,4)$,$(3,3)$,$(2,4)$,$(1,-1)$,$(0,0)$,其中$(3,3)$,$(0,0)$ 与点 O,D 重合,不符合题意,舍去. 又$(1,-1)$ 落在格点图外,舍去,因此符合题意的顶点有$(6,4)$,$(2,4)$,对应的抛物线有两条.

一般地,对于经过点(t,t),$(t+3,t+3)$ 的抛物线 $y = a(x+m)^2 + k$ 有 $k = \dfrac{t^2 + 3t - m^2}{2m + 2t + 3}$(其中 $0 \le t \le 7$,$-10 \le m \le 0$,且 m,t 都是整数).

通过计算可得符合题意的 t 和$(-m, k)$ 的对应值如表 2 所示.

表 2　t 和$(-m, k)$ 的对应值

t	在 OB 上距离为 $3\sqrt{2}$ 的格点坐标 (t, t),$(t+3, t+3)$	符合条件的顶点坐标$(-m, k)$	抛物线条数
0	$(0,0)$,$(3,3)$	$(6,4)$,$(2,4)$	2
1	$(1,1)$,$(4,4)$	$(7,5)$,$(3,5)$,$(2,0)$	3
2	$(2,2)$,$(5,5)$	$(8,6)$,$(4,6)$,$(3,1)$	3

续表2

t	在 OB 上距离为 $3\sqrt{2}$ 的格点坐标 $(t,t),(t+3,t+3)$	符合条件的顶点坐标 $(-m,k)$	抛物线条数
3	$(3,3),(6,6)$	$(9,7),(5,7),(4,2),(0,2)$	4
4	$(4,4),(7,7)$	$(10,8),(6,8),(5,3),(1,3)$	4
5	$(5,5),(8,8)$	$(7,9),(6,4),(2,4)$	3
6	$(6,6),(9,9)$	$(8,10),(7,5),(3,5)$	3
7	$(7,7),(10,10)$	$(8,6),(4,6)$	2

由表 2 可知,符合条件的抛物线条数为 $2+3+3+4+4+3+3+2=24$. 故选 C.

2. 格点与面积.

定理 3(毕克定理 1) 设 A,B,C 都是格点,用 $S(\triangle)$ 表示 $\triangle ABC$ 的面积, $B(\triangle)$ 表示 $\triangle ABC$ 三边上的格点数(包括端点), $C(\triangle)$ 表示 $\triangle ABC$ 内部的格点数,则

$$S(\triangle) = C(\triangle) + \frac{1}{2}B(\triangle) - 1$$

证明 先考虑两直角边分别平行于坐标轴的直角三角形. 不妨设顶点坐标为 $A(0,0),B(m,0),C(m,n)$,取点 $D(0,n)$,则四边形 $ABCD$ 为矩形(图 11). 显然,矩形 $ABCD$ 内部的格点数为 $(m-1)(n-1)$. 假定 $\triangle ABC$ 斜边 AC 上的格点数为 l,那么

$$C(\triangle) = \frac{1}{2}\big[(m-1)(n-1) - (l-2)\big]$$

$$B(\triangle) = m+n+l-1$$

因此

Pick 定理

$$C(\triangle) + \frac{1}{2}B(\triangle) - 1 = \frac{1}{2}mn = S(\triangle)$$

即对直角三角形命题成立.

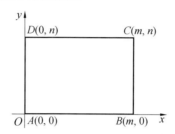

图 11

再设 $\triangle ABC$ 为任意格点三角形,不妨设顶点坐标为 $A(0,0)$, $B(m_1, n_1)$, $C(m_2, n_2)$. 如图 12 所示, $\triangle ABC$ 内接于格点矩形 $ADEF$,显然, $\triangle ABC$ 的面积等于矩形 $ADEF$ 的面积减去三个直角三角形的面积之和.

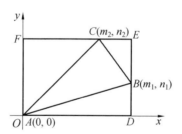

图 12

设 BC 上的格点数为 l_1 , CA 上的格点数为 l_2 , AB 上的格点数为 l_3 (均包括端点),并令 $\triangle_1$, $\triangle_2$, $\triangle_3$ 分别表示 $\triangle BEC$, $\triangle CFA$, $\triangle ADB$,则

$$S(\triangle_i) = C(\triangle_i) + \frac{1}{2}B(\triangle_i) - 1 \quad (i = 1, 2, 3)$$

14

我们用 $C(R)$，$B(R)$ 分别表示矩形 $ADEF$ 内的格点数与边界上的格点数，显然

$$S_{\square ADEF} = C(R) + \frac{1}{2}B(R) - 1$$

故

$$
\begin{aligned}
S(\triangle) &= S_{\square ADEF} - S(\triangle_1) - S(\triangle_2) - S(\triangle_3) \\
&= C(R) - C(\triangle_1) - C(\triangle_2) - C(\triangle_3) + \\
&\quad \frac{1}{2}\left[B(R) - B(\triangle_1) - B(\triangle_2) - B(\triangle_3)\right] + 2 \\
&= \left[C(\triangle) + B(\triangle) - 3\right] + \frac{1}{2}\left[-B(\triangle)\right] + 2 \\
&= C(\triangle) + \frac{1}{2}B(\triangle) - 1
\end{aligned}
$$

于是命题得证.

　　例2　如果格点 $\triangle ABC$ 内恰有一个整点 D，那么 D 一定是 $\triangle ABC$ 的重心.

　　证明　由定理3得

$$S_{\triangle ABC} = 1 + \frac{1}{2} \times 3 - 1 = \frac{3}{2}$$

$$S_{\triangle ABD} = 0 + \frac{1}{2} \times 3 - 1 = \frac{1}{2}$$

同理　　　　$$S_{\triangle BCD} = S_{\triangle CAD} = \frac{1}{2}$$

即 DA，BD，DC 将 $\triangle ABC$ 的面积三等分，因此 D 一定是重心.

　　定理4(毕克定理2)　设 $A_1A_2 \cdots A_n$ 是格点多边形，用 S_n 表示它的面积，C_n 表示它内部的格点数，B_n 表示它边界上的格点数(包括端点)，那么

$$S_n = C_n + \frac{1}{2}B_n - 1$$

15

证明 用数学归纳法. 当 $n = 3$ 时, 由毕克定理 1 知命题成立. 设当 $n = k - 1$ 时命题成立. 当 $n = k$ 时, 由于多边形中至少有一个内角, 如图 13 所示, 不妨设为 $\angle A_k$ (小于 π), 联结 $A_1 A_{k-1}$, 因此得

$$S_k = S_{k-1} + S(\triangle)$$

$$= \left[C_{k-1} + C(\triangle) \right] + \frac{1}{2} \left[B_{k-1} + B(\triangle) \right] - 2$$

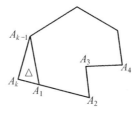

图 13

设 $A_1 A_{k-1}$ 上的格点数为 l, 则

$$S_k = (C_k - l + 2) + \frac{1}{2}(B_k + 2l - 2) - 2$$

$$= C_k + \frac{1}{2} B_k - 1$$

即当 $n = k$ 时命题也成立.

根据数学归纳原理, 命题得证.

利用定理 4 我们还可以解决另一个涉及多边形的问题, 为了体现使用定理 4 的优越性, 我们先用普通方法证明.

例 3 如果某个平行四边形的顶点是整点, 在平行四边形的内部或它的边上还有另外的整点, 那么, 这个平行四边形的面积大于 1.

证明 假设三角形的顶点是整点 $P_i(x_i, y_i)$, $i =$

1,2,3. 如果它不是退化的,那么它的面积满足不等式

$$S = \frac{1}{2} |x_1(y_2 - y_3) + x_2(y_3 - y_1) + x_3(y_1 - y_2)| \geqslant \frac{1}{2}$$

如果在整点平行四边形的内部或边上,除了顶点以外,至少还有一个整点,那么,将这个整点和平行四边形的所有顶点联结起来,则把整点平行四边形至少分成三个非退化的整点三角形. 因为它们之中的每一个面积都不小于 $\frac{1}{2}$,所以平行四边形的面积不小于 $\frac{3}{2}$.

下面我们用定理 4 来证明:易见 $C_4 \geqslant 1$,$B_4 = 4$,代入公式

$$S_4 = C_4 + \frac{1}{2}B_4 - 1$$
$$\geqslant 1 + 2 - 1 \geqslant 2$$

两个解答放在一起,高低立见.

例 4 设平行四边形 $ABCD$ 的顶点都是整点,并且内部及边上没有其他的整点. 证明:这个平行四边形的面积为 1.

证明 不妨设 A 为原点,否则如图 14 所示,将平行四边形 $ABCD$ 沿 OA 平移,成为平行四边形 $OB'C'D'$(A 与 O 重合). 对平行四边形 $OB'C'D'$ 中任一不是顶点的点 $E'(x', y')$,设它由 $E(x, y)$ 平移而来,则

$$x' = x - x_A, y' = y - y_A \qquad (1)$$

由于 E 在平行四边形 $ABCD$ 中不是顶点,x, y 不全为整数,所以由式(1)知,x', y' 也不全是整数,即 E' 不是整点,平行四边形 $OB'C'D'$ 中只有顶点是整点.

不妨设平行四边形 $OBCD$ 的顶点 B, D 的坐标分别为 (a, c),(b, d). 在直线 OB 上取点 $B_k(ka, kc)$,在直线 OD 上取点 $D_k(kb, kd)$($k = 0, \pm 1, \pm 2, \cdots$),其中

$B_1 = B, D_1 = D, B_0 = D_0 = O$. 这些点都是整点,过这些点作 OB 或 OD 的平行线,形成平行四边形网格(图15),每个小平行四边形均与平行四边形 $OBCD$ 全等.

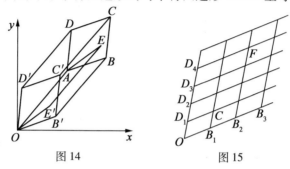

图 14 图 15

由于 $O, B_i, D_j (i, j \in \mathbf{Z})$ 都是整点,所以上述平行四边形的顶点都是整点. 这些平行四边形都可以平移成平行四边形 $OBCD$. 与开头所说类似(图 14),这些平行四边形中没有其他整点.

于是每个整点 $F(m, n)$ 都是上述平行四边形网格的格点,因而对每一对整数 m, n,方程组

$$\begin{cases} ax + by = m \\ cx + dy = n \end{cases}$$

有整数解 $x, y (F$ 与 O, B_x, D_y 构成平行四边形).

由上一题知,$ad - bc = \pm 1$,即平行四边形 $OBCD$ 的面积为 1.

注 在 3 维空间中,顶点都是整点,并且内部及边上没有其他整点的平行四边形或三角形,它的面积可取哪些值? 这是一个颇有意思的问题.

例 5 设 $\triangle ABC$ 的顶点坐标都是整数,且在 $\triangle ABC$ 的内部只有一个整点(但在边上允许有整点). 求证: $\triangle ABC$ 的面积小于或等于 $\dfrac{9}{2}$.

18

证明 设 O 为 $\triangle ABC$ 内的整点,边 BC, CA, AB 的中点分别为 A_1, B_1, C_1.

显然,O 或在 $\triangle A_1 B_1 C_1$ 的内部或在 $\triangle A_1 B_1 C_1$ 的边界上.

否则,由于点 A, B, C 关于点 O 的对称点均为整点,在 $\triangle ABC$ 内就不止一个整点.

如图 16 所示,设 A_2 是点 A 关于 O 的对称点,D 是平行四边形 $ABDC$ 的第 4 个顶点,则 A_2 为 $\triangle BCD$ 的内点或在它的边界上.

(1)假设 A_2 为 $\triangle BCD$ 的内点.

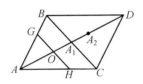

图 16

因为 A_2 是整点,所以 A_2 就是 O 关于平行四边形 $ABDC$ 中心 A_1 的对称点——$\triangle BCD$ 内唯一的整点. A, O, A_2 和 D 是线段 AD 上相继的整点,所以

$$AD = 3AO$$

由于点 A, B, C 地位相同,所以点 O 是 $\triangle ABC$ 的重心. 过点 O 作线段 $GH /\!/ BC$,若 BC 内部的整点多于两个,则 GH 内部必含有一个不同于 O 的整点(这是因为 BC 上每两个整点的距离小于或等于 $\frac{1}{4} BC$,而 $OG = OH = \frac{1}{3} BC$),出现矛盾. 因此,BC 的内部至多只有两个整点,AB 与 AC 有同样的结论.

总之,在 $\triangle ABC$ 的周界上的整点数小于或等于 9,

则由有关整点与面积的定理有

$$S_{\triangle ABC} \leqslant 1 + \frac{9}{2} - 1 = \frac{9}{2}$$

（2）假设 A_2 在 $\triangle BCD$ 的边界上.

与（1）类似，可以推出边 BC 内部的整点数不超过 3（仅当 O 在 B_1C_1 上时，出现 3 个整点）. AB 与 AC 内部的整点数均不能多于 1 个（图 17）.

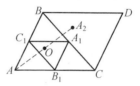

图 17

总之，$\triangle ABC$ 周界上的整点数小于或等于 8，因此

$$S_{\triangle ABC} \leqslant 1 + \frac{8}{2} - 1 = 4$$

由（1）（2）命题得证.

在本题的解答中用到了一个中学不常见的定理，即毕克定理.

三、格点多边形

通常把直角坐标系中具有整数坐标的点称为格点，顶点为格点的多边形称为格点多边形. 格点多边形是几何数论的一个重要研究工具. 高斯（Gauss）曾经采用格点多边形的方法证明了著名的二次互反律.

下面我们首先讨论 2 维的格点多边形问题.

探究问题 1 对于正整数 $n \geqslant 3$，是否存在格点正 n 边形？

容易看到以任意两个格点间的长度为边的格点正方形总是存在的. 一个有点超出人们直觉想象的结果

是：

定理5 除 $n=4$ 外不存在格点正 n 边形.

这个定理的证明是代数与几何相结合的很好的范例. 证明思路巧妙,但所应用的知识十分初等. 首先,容易想象：

引理2 不存在格点正三角形.

证明 假设 $\triangle ABC$ 是格点正三角形. 如图 18 所示,假定矩形 P 是含 $\triangle ABC$ 且边平行于坐标轴的格点矩形,这时矩形 P 的面积减 $\triangle ABC$ 的面积是有理数(实际上是整数或整数的二分之一). 当然 P 的面积是整数,容易计算 $\triangle ABC$ 的边长 $a=\sqrt{m^2+n^2}$, $\triangle ABC$ 的面积是 $\dfrac{\sqrt{3}}{4}a^2=\dfrac{\sqrt{3}}{4}(m^2+n^2)$,其中 m,n 是整数. 因此 $\dfrac{\sqrt{3}}{4}a^2$ 是无理数,矛盾.

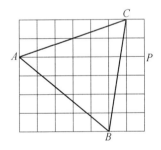

图 18

定理5 的证明(M. Klamkin 提供) 设 $n\geqslant 5,n\neq 6$,作 $A_1B_n /\!/ A_2A_3,A_2B_1 /\!/ A_3A_4,A_1B_n$ 与 A_2B_1 交于点 B_1 (图 19). 因

$$\angle A_1A_2A_3=\frac{(n-2)\pi}{n}$$

21

Pick 定理

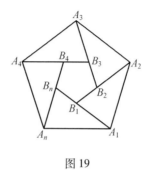

图 19

则

$$\angle B_n A_1 A_2 = \pi - \angle A_1 A_2 A_3 = \frac{2\pi}{n} < \frac{\pi}{2}$$

于是

$$\angle B_1 A_2 A_3 = \frac{2\pi}{n}$$

$$\angle A_1 A_2 B_1 = \angle A_1 A_2 A_3 - \angle B_1 A_2 A_3$$

$$= \frac{(n-2)\pi}{n} - \frac{2\pi}{n}$$

$$= \frac{(n-4)\pi}{n}$$

$$\angle A_2 B_1 A_1 = \pi - \angle B_n A_1 A_2 - \angle A_1 A_2 B_1$$

$$= \pi - \frac{2\pi}{n} - \frac{(n-4)\pi}{n}$$

$$= \frac{2\pi}{n}$$

所以 $A_2 B_1 = A_2 A_1$,从而 $A_2 B_1 = A_3 A_4$,因此 $B_1 A_2 A_3 A_4$ 是平行四边形. 这个平行四边形有三个顶点 A_2, A_3, A_4 都是格点,因此第 4 个顶点 B_1 也是格点. 这样新得到的 n 边形 $B_1 B_2 \cdots B_n$ 是格点正 n 边形. 注意当 $n = 6$ 时,

22

$B_1, B_2, \cdots, B_n$ 合成一点,而当 $n \geq 5$, $n \neq 6$ 时在原格点正 n 边形内得到一个更小的格点正 n 边形. 这一过程可以无限制地进行下去,所得到的都是格点正 n 边形,这不可能. 而当 $n = 6$ 时,可以用与引理 2 证明相仿的方法证明不存在格点正六边形.

Klamkin 的这个证法不是最简明直观的,我们还有下面的证法.

定理 5 的证法 2 假定存在格点正 n 边形,$n > 4$, $n \neq 6$. 以邻边 $A_i A_{i+1}$, $A_{i+1} A_{i+2}$ 为两边作平行四边形(菱形),平行四边形的另一个顶点是 B_i,则 B_i 是格点. 因为 $n \neq 6$,故这些 B_i 互不重合,且 $B_1, B_2, \cdots, B_n$ 组成另一个正 n 边形(图 20). 这一过程可以无限制地进行下去,得到一系列格点正 n 边形,这不可能.

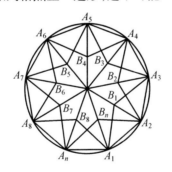

图 20

关于格点几何还有一个有趣的问题:求一个已知圆周上的格点数. 利用数论中有关整数平方和表法的结果,我们可以证明下面的定理.

定理 6 在圆心是格点,半径的平方为整数 n 的圆周上,格点的个数为

23

$$m(n) = 4\prod_p \mu(p^a)$$

其中等式右端 p 取遍 n 的所有奇质因子,a 是质因子 p 含在 n 中的最大幂指数,函数

$$\mu(p^a) = \begin{cases} a+1, & \text{当 } p \text{ 除以 } 4 \text{ 余 } 1 \text{ 时} \\ 0, & \text{当 } p \text{ 除以 } 4 \text{ 余 } -1 \text{ 时} \end{cases}$$

例如,圆心在原点,半径为 $\sqrt{185}$ 的圆,圆周上的格点数为

$$m(185) = 4\mu(5)\mu(37) = 16$$

探究问题 2   讨论 3 维欧氏空间的格点正多边形问题以及格点正多面体问题.

我们不难通过正方体的截面获得 3 维欧氏空间中的格点正三角形、格点正方形以及格点正六边形(图 21).但是已知的结果是除 $n = 3, 4, 6$ 外不存在 3 维格点正 n 边形.怎么证明这一结果?

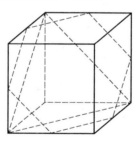

图 21

我们也不难找到格点正四面体,它的顶点为 $A(3, 0, 0)$,$B(0, 3, 0)$,$C(0, 0, 3)$,$D(-1, -1, -1)$.当然也不难构造格点正六面体及格点正八面体.1959 年,E. Ehrhart 证明了不存在格点正十二面体与格点正二十面体.

24

练习　在平面直角坐标系中给定一个 100 边形 P,满足:

(1) P 的顶点都是格点;

(2) P 的边都与坐标轴平行;

(3) P 的边长都是奇数.

求证:P 的面积为奇数.

(提示:格点多边形 $A_1 A_2 \cdots A_n$ 的面积为

$$S_n = \frac{1}{2} \left(\begin{vmatrix} x_1 & y_1 \\ x_2 & y_2 \end{vmatrix} + \begin{vmatrix} x_2 & y_2 \\ x_3 & y_3 \end{vmatrix} + \cdots + \right.$$

$$\left. \begin{vmatrix} x_{n-1} & y_{n-1} \\ x_n & y_n \end{vmatrix} + \begin{vmatrix} x_n & y_n \\ x_1 & y_1 \end{vmatrix} \right)$$

其中 $A_1, A_2, \cdots, A_n$ 按逆时针方向构成回路,并且顶点坐标为 $A_i(x_i, y_i)$ $(i = 1, 2, \cdots, n)$.)

证明　设 P 的顶点按逆时针方向顺次为 $A_1(x_1, y_1)$, $A_2(x_1, y_2)$, $A_3(x_2, y_2)$, $A_4(x_2, y_3)$, $\cdots$, $A_{98}(x_{49}, y_{50})$, $A_{99}(x_{50}, y_{50})$, $A_{100}(x_{50}, y_1)$,则 P 的面积

$$S = \frac{1}{2} \left(\begin{vmatrix} x_1 & y_1 \\ x_1 & y_2 \end{vmatrix} + \begin{vmatrix} x_1 & y_2 \\ x_2 & y_2 \end{vmatrix} + \begin{vmatrix} x_2 & y_2 \\ x_2 & y_3 \end{vmatrix} + \cdots + \right.$$

$$\left. \begin{vmatrix} x_{49} & y_{50} \\ x_{50} & y_{50} \end{vmatrix} + \begin{vmatrix} x_{50} & y_{50} \\ x_{50} & y_1 \end{vmatrix} + \begin{vmatrix} x_{50} & y_1 \\ x_1 & y_1 \end{vmatrix} \right)$$

$$= \frac{1}{2} \left[x_1(y_2 - y_1) + x_2(y_3 - y_2) + \cdots + \right.$$

$$x_{50}(y_1 - y_{50}) + y_1(x_{50} - x_1) +$$

$$\left. y_2(x_1 - x_2) + \cdots + y_{50}(x_{49} - x_{50}) \right]$$

$$= x_1(y_2 - y_1) + x_2(y_3 - y_2) + \cdots + x_{50}(y_1 - y_{50})$$

注意到 $y_2 - y_1, y_3 - y_2, \cdots, y_1 - y_{50}$ 全为奇数,$x_1 - x_2$, $x_2 - x_3, \cdots, x_{50} - x_1$ 全为奇数,故 $x_1, x_2, \cdots, x_{50}$ 奇偶相

间,其中 25 个奇数,25 个偶数,故

$$S \equiv x_1 + x_2 + \cdots + x_{50} \equiv 25 \equiv 1 (\bmod\ 2)$$

即 S 为奇数.

§2　毕克与毕克定理[①]

1899 年,毕克发表了他最漂亮的定理之一. 这个定理提供了一个易于计算其顶点为整数坐标的平面多边形 P 的面积的公式. 这样的多边形被称作格点多边形,因为平面上的具有整数坐标的点有时被称作格点. 实际上,毕克的定理陈述了:如果 I 是 P 的内部格点的数目,而 B 是 P 的边界上格点的数目,则 P 的面积 A 可由下面的公式计算

$$A = I + \frac{B}{2} - 1$$

这个公式的漂亮之处在于它的简捷和深度. 它已经被成功地介绍给 12 岁的少年们. 然而今天数学家们仍然在研究它的一些推论.

毕克于 1859 年 8 月 10 日出生在维也纳的一个犹太人家庭. 他于 1880 年在维也纳大学获博士学位,导师是 Leo Koenigsberger. 他在布拉格大学的时光大部分都是在工作中度过的,他在那里的同事和学生都称赞他在研究与教学两方面的出色表现. 1910 年,爱因斯

---

① 译自:The Amer. Math. Monthly, 2007, 114 (8):732-736,Pick's Theorem via Minkowski's Theorem.

坦(Einstein)申请布拉格大学理论物理学的教授,毕克
发现自己在招聘委员会中,就竭力推荐录用爱因斯坦.
爱因斯坦在布拉格工作的那一段短暂的时间里,他和
毕克是最亲密的朋友. 他们俩都是有天赋的小提琴手,
而且常在一起演奏. 1929 年,毕克退休回到了他的家
乡维也纳. 9 年后,奥地利被德国霸占,为了逃离纳粹
的统治,毕克返回布拉格. 然而,在 1942 年的 7 月 13
日,他被抓,并被送到了 Theresienstadt 集中营. 13 天之
后,他在那里去世了,享年 82 岁.

　　毕克的公式在 Steinhaus 1969 年(在毕克发表它
70 年之后)的一本叫《数学简介》(*Mathematical Snap-*
shots)的书中第一次引起了公众的注意. 从那以后,数
学家们利用从欧拉(Euler) 公式到魏尔斯特拉斯
(Weierstrass) $\mathscr{P}$ - 函数等工具给出了种种不同的证明.
我们也看到了这个公式(及其推广)和组合数学、代数
几何及复分析的想法之间的重要联系.

　　在本节中,我们将用闵可夫斯基的凸体定理给出
毕克定理的一个新的证明. 为方便读者,我们首先复习
一下闵可夫斯基定理. 回忆一下,一个区域 R 是一个
连通开集; R 是一个对称区域,如果 x 在 R 中蕴涵着
$-x$ 也在 R 中.

　　定理 7(闵可夫斯基凸体定理)　　$\mathbf{R}^n$ 中的一个体积
大于 2^n 的有界、对称的凸区域 C 至少包含一个非零格点.

　　证明　我们首先如下地在 $\mathbf{R}^n$ 中定义一个函数 φ:
若 $x \in \dfrac{C}{2} = \left\{ \dfrac{y}{2} : y \in C \right\}$,则 $\varphi(x) = 1$;若 $x \notin \dfrac{C}{2}$,则
$\varphi(x) = 0.$ 然后,我们令

$$\Phi(x) = \sum_{\lambda \in \mathbf{Z}^n} \varphi(x + \lambda)$$

函数 Φ 是有界且可积的, 因此

$$\int_{[0,1]^n} \Phi(x)\,\mathrm{d}x = \int_{[0,1]^n} \sum_{\lambda \in \mathbf{Z}^n} \varphi(x+\lambda)\,\mathrm{d}x$$

$$= \int_{\mathbf{R}^n} \varphi(x)\,\mathrm{d}x$$

$$= \mathrm{vol}\left(\frac{C}{2}\right)$$

$$= \frac{\mathrm{vol}(C)}{2^n} > 1$$

因为 Φ 取整数值, 因此对某些 x 一定有 $\Phi(x) \geqslant 2$. 换言之, 在 $\frac{C}{2}$ 中有两个不同的点 $P+\lambda_1$ 和 $P+\lambda_2$, 它们相差一个格点, 称这两个点为 $\frac{P_1}{2}$ 和 $\frac{P_2}{2}$ (因此 $\frac{P_1-P_2}{2}$ 是一个格点). 则 P_1 和 P_2 在 C 内, 由 C 的对称性和凸性知 $\frac{P_1-P_2}{2}$ 也在 C 内, 这样, $\frac{P_1-P_2}{2}$ 就是 C 内的一个非零格点.

为了避免混淆, 此时规定一些定义是恰当的. 所谓平面上的一个多边形, 意味着 $\mathbf{R}^2$ 的一个紧子集, 其边界由有限条直线段形成一个单个的不自交的圈. 一个凸多边形是一个多边形, 使得其中任意两点间的连线都完全位于此多边形内. 如果 P_1 和 P_2 是平面上的两个有部分公共边界但却不相交的多边形, 并且如果 $P = P_1 \cup P_2$, 则我们称 P 能被分解为 P_1 和 P_2. 我们前面已经指出了什么是格点多边形.

为了试图证明毕克定理, 我们需要 "三角剖分" 凸的格点多边形. 为此, 我们任取一个顶点, 并且把它与其他所有的顶点用直线段联结起来 (其中一些可能已

经是多边形的边). 这样, 我们就把该多边形分解成一些三角形. 此外, 在这样的三角形 T 的内部的任何格点能与这个三角形的顶点相连, 而 T 的边上的任何格点都能与 T 的与其相对的顶点相连. 用这样的方式, 我们就能把一个格点多边形分解成除了顶点以外不包含格点的格点三角形的并. 我们称这样的三角形为基本三角形.

现在只是在基本三角形的情形下, 我们使用闵可夫斯基定理去证明毕克定理. 证明的关键是构造一个在给定的基本三角形的 8 个复制图形之外没有非零格点的有界的、对称的凸图形.

引理 3　每个基本三角形的面积为 $\frac{1}{2}$.

证明　令 $\triangle ABC$ 是一个基本三角形. 围绕顶点 A 把三角形旋转 $180°$, 所得的新三角形称作 $\triangle A_1 B_1 C_1$ (这里 B_1 是 B 的象, 依此类推). 我们可以平移这个新三角形使边 $B_1 C_1$ 粘到原三角形的边 CB 上. 注意, 这种旋转和平移都是从格点映到格点的可逆变换. 由于在 $\triangle ABC$ 内的格点只在顶点上, 于是在这个新图形的内部没有格点.

如果我们对顶点 B 和 C 重复前面的步骤, 得到一个三角形(称作 P). 我们注意到在 P 的内部没有格点. 现在, 如果围绕顶点 B 把 P 旋转 $180°$, 并且粘贴此图形到原始的 P 上, 则所得的图形是一个有界的、对称的凸图形(图 22).

图 22

这个图形内部唯一的格点是 B, 我们不妨取它为原点. 由闵可夫斯基定理, 这个图形的面积不超过 4.

这个图形的面积是 $\triangle ABC$ 面积的 8 倍,因此 $\triangle ABC$ 的面积至多为 $\frac{1}{2}$.

现在令 (x_1,y_1),(x_2,y_2) 及 (x_3,y_3) 分别是 A,B 及 C 的坐标,则 $\triangle ABC$ 的面积是下式的绝对值

$$\frac{1}{2}\begin{vmatrix} x_1 & y_1 & 1 \\ x_2 & y_2 & 1 \\ x_3 & y_3 & 1 \end{vmatrix}$$

因为这里的行列式是一个非零整数,因此这个表达式总是至少为 $\frac{1}{2}$.

现在在一般的情形下,我们通过证明公式 $I+\frac{B}{2}-1$ 是可加的,并把一般的多边形分解成基本多边形来证明毕克定理.

定理 8(毕克定理 $2'$) 假设 P 是一个凸格点多边形. 如果 B 是 P 的边界上(包括顶点)的格点的数目,而 I 是 P 的内部的格点的数目,则 P 的面积由表达式 $I+\frac{B}{2}-1$ 给出.

证明 前面的引理 3 已证明了每个基本三角形满足这个公式,现在假设格点多边形 P 能被分解成两个满足毕克公式的格点多边形 P_1 和 P_2,我们来证明 P 一定也满足这个公式. 令 I_X 和 B_X 分别表示一个平面紧集 X 的内部和边界上格点的数目,则

$$I_P = I_{P_1} + I_{P_2} + D - 2$$

这里 D 是 P_1 和 P_2 的公共边界上格点的数目,同时也有

$$B_P = B_{P_1} + B_{P_2} - 2D + 2$$

由此即得

$$I_P + \frac{B_P}{2} - 1 = I_{P_1} + \frac{B_{P_1}}{2} - 1 + I_{P_2} + \frac{B_{P_2}}{2} - 1$$

$$= P_1 \text{ 的面积} + P_2 \text{ 的面积} = P \text{ 的面积}$$

由于任何格点多边形都能分解成基本三角形,定理证
毕.

闵可夫斯基定理对任意维的空间都成立,这就使
得我们希望能把毕克定理推广到更高维. 然而,即使在
3 维情形,毕克定理也没有简单的推广. 为了看到这一
点,我们注意到对所有的正整数 r,以 $(0,0,0)$,$(1,0,0)$,$(1,1,0)$ 和 $(0,1,r)$ 为顶点的四面体是一个基本四
面体,但是其体积为 $\frac{r}{6}$,因此,我们不能通过格点的数
目写出一个多面体体积的公式.

J. E. Reeve 借助于辅助格点能够把毕克定理推广
到 3 维空间. 一个这样的辅助格点是 $\mathbf{R}^3$ 中的格点 (a, b, c),它使得 $(2a, 2b, 2c)$ 在 $\mathbf{Z}^3$ 中. 通过计算多面体的
内部和边界上整数格点和辅助格点的数目,Reeve 能
够计算格点多面体的体积.

利用所谓的 Ehrhart 多项式,把毕克定理推广到更
高维是可能的. 如果 P 是 $\mathbf{R}^d$ 中的一个 d 维多胞体
(polytope),则定义 $F_P(n) = \#\{nP \text{ 中的格点}\}$. Ehrhart
的一个定理描述

$$F_P(n) = a_d n^d + a_{d-1} n^{d-1} + \cdots + a_0$$

是一个 n 的 d 次多项式,称作 P 的 Ehrhart 多项式.
Ehrhart 也能确定这个多项式的一些系数,他证明了
$a_d = \mathrm{vol}(P)$ 是 P 的体积,$a_{d-1} = \frac{1}{2}\mathrm{vol}(\delta P)$ 在 P 的每一

表面上的子格点标准化后是 P 的表面积的一半,而 a_0 是 P 的欧拉特征数. 注意,在 $\mathbf{R}^2$ 中的 2 维多胞体的情形下,我们可通过求值 $F_P(1) = \mathrm{vol}(P) + \dfrac{B}{2} + 1$,并用本节中的符号 $F_P(1) = I + B$ 来重新证明毕克定理. 这个多项式的其他系数在一段时间以来仍是未知的. 最近,Morelli 和其他人已经能够把全体一些系数与环面簇(toric variety)的 Todd 类联系起来了.

§3 一个民办初中教师的再探究

证明与应用:

问题来源于沪教版《七年级数学第二学期(试用本)》第十五章第 125 页的练习第三题:

在平面直角坐标系内,横坐标与纵坐标都是整数的点叫作格点;顶点都是格点的三角形叫作格点三角形.

已知格点 $A(-2,1)$,请画一个格点三角形,使 A 在它的内部且这个三角形的面积最小,并写出这个三角形各个顶点的坐标.

《数学教学参考资料》(上海教育出版社,2013 年版)在第 140 页给出的答案如下:

有四种情况:

(1)$(-1,2),(-3,1),(-2,0)$;
(2)$(-3,2),(-1,1),(-2,0)$;
(3)$(-3,0),(-1,1),(-2,2)$;
(4)$(-1,0),(-2,2),(-3,1)$.

要指出的是:这个答案是不完整的. 曾有同行找出了 12 个答案. 微信平台"初中数学教育"中"问题讨论——再谈最小格点三角形"一文指出:情况不止 12 种,应是无穷多种. 上海民办浦东交中初级中学的郭昊杰老师从初中教学角度介绍了这一定理的证明与应用,在此基础上探究最小格点三角形的问题:这些三角形到底有多少个? 它们之间又有什么关系和特征?

毕克公式 $S = a + \dfrac{1}{2}b - 1$,其中 a 表示多边形内部的格点数,b 表示多边形边界上的格点数,S 表示多边形的面积.

最小格点三角形 利用毕克公式可知,要使点 A 在所求三角形的内部,且三角形面积最小,必须是 $a = 1, b = 3$,这时 $S = 1.5$. 我们定义内部只有一个格点,且面积为 1.5 的格点三角形为最小格点三角形,同时简称内部的格点为内点. 为了方便讨论,本节中所有最小格点三角形的内点 A 将移至原点 O.

引理 4 最小格点三角形的重心是其内点.

引理 5 A 为格点 $\triangle BCD$ 的重心且为内点,当且仅当 $S_{\triangle ABC} = \dfrac{1}{2}$ 时,$\triangle BCD$ 为最小格点三角形.

引理 6 设 $P(a_1, b_1), Q(a_2, b_2)$,其中 a_1, a_2, b_1, b_2 均为整数. 若线段 PQ 上无其他格点,则 $a_1 = a_2$,$|b_1 - b_2| = 1$,或 $|a_1 - a_2| = 1$,$b_1 = b_2$,或 $(|a_1 - a_2|, |b_1 - b_2|) = 1$(即 $|a_1 - a_2|$ 与 $|b_1 - b_2|$ 互素).

引理 4 的证明 如图 23 所示,已知 $\triangle BCD$ 是任意一个最小格点三角形,A 为内点,联结 AB, AC, AD.

由毕克公式得

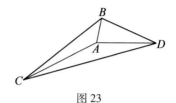

图 23

$$S_{\triangle ABD} \geqslant \frac{1}{2}, S_{\triangle ABC} \geqslant \frac{1}{2}, S_{\triangle ACD} \geqslant \frac{1}{2}$$

而

$$\frac{3}{2} = S_{\triangle BCD} = S_{\triangle ABD} + S_{\triangle ABC} + S_{\triangle ACD} \geqslant \frac{1}{2} + \frac{1}{2} + \frac{1}{2} = \frac{3}{2}$$

故 $S_{\triangle ABD} = S_{\triangle ABC} = S_{\triangle ACD}$.

因此点 A 为 $\triangle BCD$ 的重心.

引理 5 的证明 如图 23 所示,A 为格点 $\triangle BCD$ 的重心,且为内点.

若 $S_{\triangle ABC} = \frac{1}{2}$,由重心的性质得 $S_{\triangle BCD} = \frac{3}{2}$,故 $\triangle BCD$ 为最小格点三角形.

若 $\triangle BCD$ 为最小格点三角形,由重心的性质得 $S_{\triangle ABC} = \frac{1}{2}$.

引理 6 的证明 线段 PQ 无其他格点,分三种情况:

(1)当 $a_1 = a_2, b_1 \neq b_2$ 时,显然 $|b_1 - b_2| = 1$;

(2)当 $a_1 \neq a_2, b_1 = b_2$ 时,有 $|a_1 - a_2| = 1$;

(3)当 $a_1 \neq a_2, b_1 \neq b_2$ 时,若 $(|a_1 - a_2|, |b_1 - b_2|) = d$,其中 d 为大于 1 的正整数.

设 F 是以 $\left(a_1 + \dfrac{a_1 - a_2}{d}, b_1 + \dfrac{b_1 - b_2}{d}\right)$ 为坐标的点,显然 F 是格点. 因为 PF 的斜率为

$$k_{PF} = \frac{\dfrac{b_1 - b_2}{d}}{\dfrac{a_1 - a_2}{d}} = \frac{b_1 - b_2}{a_1 - a_2}$$

PQ 的斜率为

$$k_{PQ} = \frac{b_1 - b_2}{a_1 - a_2}$$

所以 F 是 PQ 上的格点,与"PQ 上无其他格点"矛盾,因此

$$(|a_1 - a_2|, |b_1 - b_2|) = 1$$

　　下面我们来寻找一下各种不同的最小格点三角形. 规定两个全等的最小格点三角形为同一种,故我们只需考虑内点为原点的最小格点三角形.

　　为了能找到所有种类的最小格点三角形,我们考虑将任意最小格点 $\triangle BCD$ 的三个顶点所处位置进行分类:

　　1. 最小格点 $\triangle BCD$ 有顶点在坐标轴上.

　　2. 最小格点 $\triangle BCD$ 的顶点均不在坐标轴上,且:

　　(1)三个顶点分别在三个不同象限;

　　(2)有两个顶点在同一个象限.

　　1)在同一象限的两个顶点的横坐标相等或纵坐标相等;

　　2)在同一象限的两个顶点的横纵坐标均不相等.

　　下面对各类格点三角形做详细讨论:

　　1. 最小格点 $\triangle BCD$ 有顶点在坐标轴上.

　　不妨设在坐标轴上的点为 B,且在 x 轴正半轴上,则由引理 4 易知,C,D 两点必然分布在第一、三象限或第二、四象限,不妨设点 C 在第一象限(可以在 y 轴上),点 D 在第三象限,如图 24.

由于内点只有 O 一个,又线段 OB 在三角形内部,所以线段 OB 中除了端点无其他格点,从而得到 B 的坐标为 $(1,0)$.

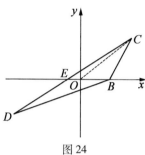

图 24

由引理 5,$S_{\triangle CBO} = \dfrac{1}{2}$,故 $C_y = 1$,C_x 可为任意整数.

这样,我们可以写出满足以上条件的全部最小格点三角形:

$B(1,0)$,$C(a,1)$,$D(-a-1,-1)$,其中 a 为任意自然数.

举例:令 $a=0$,则 $B(1,0)$,$C(0,1)$,$D(-1,-1)$,如图 25.

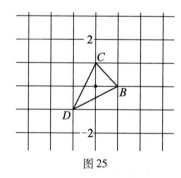

图 25

令 $a=3$,则 $B(1,0)$,$C(3,1)$,$D(-4,-1)$,如图

26.

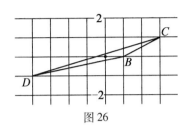

图 26

当我们除去点 C 在第一象限的限制,即 $B(1,0)$, $C(a,1)$, $D(-a-1,-1)$,其中 a 为任意整数.

当我们再除去 B 在 x 轴正半轴上的限制,即可得:

(1) $B(1,0)$, $C(a,1)$, $D(-a-1,-1)$,其中 a 为任意整数;

(2) $B(-1,0)$, $C(a,1)$, $D(-a+1,-1)$,其中 a 为任意整数;

(3) $B(0,1)$, $C(1,a)$, $D(-1,-a-1)$,其中 a 为任意整数;

(4) $B(0,-1)$, $C(1,a)$, $D(-1,-a+1)$,其中 a 为任意整数.

2. 最小格点 $\triangle BCD$ 的顶点均不在坐标轴上.

(1)三个顶点分别在三个不同象限.

不妨设点 B, C, D 分别在第一、二、三象限,如图 27.

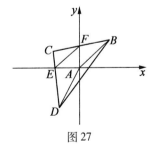

图 27

由于 B,C,D 均为整点,所以它们的横纵坐标的绝对值均不小于 1,可得 $AF\geqslant1,AE\geqslant1$. 于是

$$S_{\triangle BCD}>S_{\triangle ABF}+S_{\triangle AEF}+S_{\triangle AED}\geqslant\frac{1}{2}+\frac{1}{2}+\frac{1}{2}=\frac{3}{2}$$

矛盾.

这种情况不存在最小格点三角形.

(2)有两个顶点在同一个象限.

不妨设 B,C 两点在第一象限,由引理 4,点 D 在第四象限(否则 A 就不再是内点).

1)在同一象限的两个顶点横坐标相等或纵坐标相等.

不妨设 B,C 两点横坐标相等,如图 28.

由引理 6, $|BC|=1$.

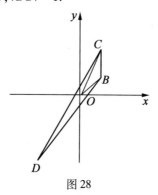

图 28

又由引理 5, $S_{\triangle BOC}=\frac{1}{2}$,得 $x_B=x_C=1$.

这样,我们可以写出满足以上条件的全部最小格点三角形:

$B(1,a),C(1,a+1),D(-2,-2a-1)$,其中 a 为任意正整数.

38

举例:令 $a = 1$,则 $B(1,1)$,$C(1,2)$,$D(-2,-3)$,如图 29.

令 $a = 2$,则 $B(1,2)$,$C(1,3)$,$D(-2,-5)$,如图 30.

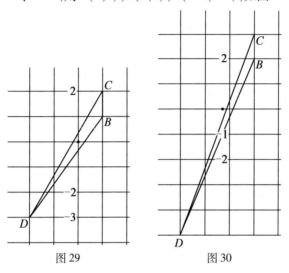

图 29　　　　　图 30

当我们除去点 B,C 在第一象限的限制,可得:

①$B(1,a)$,$C(1,a+1)$,$D(-2,-2a-1)$,其中 a 为任意正整数;

②$B(-1,a)$,$C(-1,a+1)$,$D(2,-2a-1)$,其中 a 为任意正整数;

③$B(-1,-a)$,$C(-1,-a-1)$,$D(2,2a+1)$,其中 a 为任意正整数;

④$B(1,-a)$,$C(1,-a-1)$,$D(-2,2a+1)$,其中 a 为任意正整数.

2)在同一象限的两个顶点横纵坐标均不相等.

根据点 B,C 所在位置不同,我们分为图 31 和图 32 两种情况(点 B,C 互换位置属于同一种).

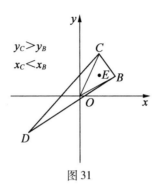

图 31

容易得出,在图 31 的这种情况下,以点 C 的横坐标为横坐标,点 B 的纵坐标为纵坐标的点 E 在 $\triangle OBC$ 的内部,当然也是 $\triangle BCD$ 的一个内点,与毕克公式矛盾. 所以这种情况可以直接舍去.

下面我们重点来研究图 32.

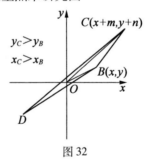

图 32

设点 B 的坐标为 $B(x,y)$,点 C 的坐标为 $C(x+m,y+n)$,其中 x,y,m,n 均为正整数.

由于线段 BC 之间无格点,故由引理 6 得 $(m,n)=1$.

$\triangle OBC$ 的面积

$$S_{\triangle OBC}=\frac{(x+m)(y+n)}{2}-\frac{xy}{2}-my-\frac{mn}{2}=\frac{nx-my}{2}$$

40

由引理 5, $S_{\triangle OBC} = \dfrac{1}{2}$,所以 $\dfrac{nx - my}{2} = \dfrac{1}{2}$,即

$$nx - my = 1 \qquad (1)$$

因为 $(m, n) = 1$,所以存在整数 x_0, y_0,使得 $nx_0 - my_0 = 1$ 成立.

再根据不定方程的解集得:

$$\begin{cases} x = x_0 + mt \\ y = y_0 + nt \end{cases} (t \text{ 为自然数}) \text{ 为式}(1)\text{的解集.}$$

此解集可以找出以点 B, C 的相对位置为标准的(或者说是任意正整数 m, n 取值的)最小格点三角形.

举例 1: $m = 1, n = 1$,则式(1)变形为 $x - y = 1$,解集为 $\begin{cases} x = 2 + t \\ y = 1 + t \end{cases} (t \text{ 为自然数}).$

令 $t = 0$,则 $B(2, 1)$,$C(3, 2)$,$D(-5, -3)$,如图 33.

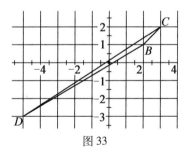

图 33

举例 2: $m = 2, n = 1$,则式(1)变形为 $x - 2y = 1$,解集为 $\begin{cases} x = 3 + 2t \\ y = 1 + t \end{cases} (t \text{ 为自然数}).$

令 $t = 0$,则 $B(3, 1)$,$C(5, 2)$,$D(-8, -3)$.

可见,只要点 B, C 的相对位置满足 $(m, n) = 1$,均可以找到一类无限种的最小格点三角形. 而对于 $(m,$

n) $=1$ 的选择又有无限组,所以我们可以找到无限组,每组无限种的最小格点三角形.

§4 毕克定理在数学奥林匹克中的应用

先举一个 2013 年第 76 届莫斯科数学奥林匹克试题的第 3 题:

例 将坐标平面上的点称为格点,如果它的两个坐标都是整数. 某个三角形的 3 个顶点都是格点,并且在它的内部恰好还有 2 个格点(在它的边上可能还有别的格点). 证明:经过其内部两个格点的直线,或者经过它的一个顶点,或者平行于它的某条边.

注 如图 34 所示,三角形内的两个格点未必是相邻的(既不一定依边相邻,也不一定依对角线相邻),而且这两个格点之间的距离可以任意远. 所以本题的证明远非想象的那样简单.

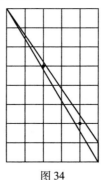

图 34

将题中所述的三角形记为 $\triangle ABC$,经过其形内的

两个格点 X 和 Y 作直线,如果该直线不经过三角形的任何一个顶点,那么它必与三角形的两条边相交. 为确定起见,设其不与边 AB 相交.

证法 1　假设线段 YX 的延长线与边 BA 的延长线相交(图35(a)),我们来作平行四边形 $AXYZ$(即将点 A 平移向量 $\overrightarrow{XY}$). 由于该平行四边形有 3 个顶点是格点,所以它的第 4 个顶点 Z 也是格点. 如此一来,在 $\triangle ABC$ 内部就又有一个格点,此与题中条件相矛盾,所以必有 $XY /\!/ AB$.

(点 Z 在 $\triangle ABC$ 内部,这是因为在平行于给定线段的位于三角形内部的所有线段中,以那一条有一个端点在顶点上,而另一个端点在其对边上的线段最长.)

证法 2　我们来运用关于格点三角形(即三个顶点都是格点的三角形)面积的毕克公式:任意一个格点三角形的面积等于 $i + \dfrac{b}{2} - 1$,其中 i 是三角形内部的格点数目,b 是其周界(包含顶点)上的格点数目.

如图35(b)所示,$\triangle AXB$ 和 $\triangle AYB$ 都是格点三角形,而且在它们的内部,以及除了边 AB 以外的其余两条边的内部,都没有格点,所以由毕克公式知,它们的面积相等. 这样一来,它们的公共边 AB 上的高也就相等. 这就表明,格点 X 和 Y 与直线 AB 的距离相等,所以直线 $XY /\!/ AB$.

证法 3(解题思路)　考察经过与直线 XY 距离最近的两个格点的平行于 XY 的直线. 可以证明,由于在 $\triangle ABC$ 内部不再含有别的格点,所以该三角形整个被夹在这两条平行直线所形成的带状区域中. 因此,或者该三角形的一个顶点在直线 XY 上,或者在该带状区域的两条边界之一上有着该三角形的两个顶点(即直线 XY 平行于三角形的一条边).

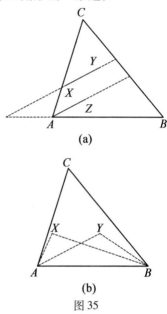

图 35

在 2014 年第 22 届朝鲜数学奥林匹克中有一题为:

设整数 $n \geq 3$,在一个 3×3 的方格表中,若中心的格是白格且其余格是黑格,或中心的格是黑格且其余格是白格,则称此方格表为"好正方形". 用黑、白两色对一个有无穷格的方格表染色,使得存在一些 $a \times b$ 的长方形中至少有 $n^2 - n$ 个好正方形. 求 $a + b$ 的最小值,其中,a, b 为正整数且 $a \times b$ 的长方形的边界不一定要与格线重合.

这个题目的解决必须要用到毕克定理,解答如下:

首先证明两个引理.

引理 7　若凸多边形 A 包含凸多边形 B, 则 A 的周长一定大于或等于 B 的周长.

证明　如图 36, 设 B 为一个 k 边形, 则过 k 边形 B 某一边的直线可以把凸多边形 A 分为两个区域.

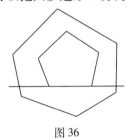

图 36

将包含 B 的那部分称为 A_1, 则 A_1 也为凸多边形.

沿顺时针选择 B 的下一条边, 过这条边的直线将 A_1 分为两个区域, 且记包含 B 的那部分为 A_2.

重复以上步骤, 得到 $A_3, A_4, \cdots, A_k = B$. 记 $A = A_0$.

于是, 对于任何 $i(1 \leqslant i \leqslant k)$, A_{i-1} 的周长小于 A_i.

引理 8　两个好正方形的中心格不会有公共顶点.

证明　称任何两个有公共顶点的格为"临近", 则任何好正方形的中心格和所有与它临近的格必不同色.

若两个好正方形的中心格临近, 则选取第三个与它们全临近的格. 于是, 这三个格的颜色应各异, 矛盾.

把 $a \times b$ 长方形里所有好正方形的中心格的四个顶点染成红色.

由引理 8, 可知红色顶点的个数至少为 $4(n^2 - n)$, 且每个红点到 $a \times b$ 长方形的边的距离至少为 1. 可作

一个 $(a-2)\times(b-2)$ 的长方形 Γ,且长方形 Γ 的边与原长方形的边平行,边与边的距离为 1. 由于所有红点均在长方形 Γ 内,于是,可选取最小的多边形 Ω 使得它包含所有红点.

由引理 7 知,多边形 Ω 的周长小于或等于 $2[(a-2)+(b-2)]$,且最多只有 $2[(a-2)+(b-2)]$ 个红点在多边形 Ω 的边界上(因为每个红点的间距至少为 1).

设 S 为在多边形 Ω 边界上的顶点数,T 为在多边形 Ω 内部的顶点数.

根据毕克定理,多边形 Ω 的面积为 $T+\dfrac{S}{2}-1$. 则

$$T+\frac{S}{2}-1 \leqslant (a-2)(b-2)$$

$$S \leqslant 2[(a-2)+(b-2)]$$

故

$$4(n^2-n)$$
$$\leqslant S+T$$
$$=\left(T+\frac{S}{2}-1\right)+\frac{S}{2}+1$$
$$\leqslant (a-2)(b-2)+[(a-2)+(b-2)]+1$$
$$=(a-1)(b-1)$$
$$\Rightarrow (a-1)+(b-1)$$
$$\geqslant 2\sqrt{(a-1)(b-1)}$$
$$\geqslant 4\sqrt{n^2-n}$$
$$\Rightarrow a+b \geqslant [4\sqrt{n^2-n}+2]=4n$$

下面说明 $4n$ 可以取得.

先将一个 $(2n-1)\times(2n+1)$ 的长方形的每一行

依次标上 $1, 2, \cdots, 2n-1$，每一列依次标上 $1, 2, \cdots,$ $2n+1$.

　　再将偶数行与偶数列交叉的格染成黑色，其余格染成白色，则在这个长方形中含有 $n^2 - n$ 个好正方形.

毕克定理和黄金比的无理性[①]

第

2

章

1874 年,康托(Cantor)在发表其著名的对角化论证的前两年,他的关于实数集的不可数性的第一个证明出现在出版物[1]中. 意想不到,正如我们要在这里证明的,康托推理的一点小变动证明了黄金比是无理的. 我们将利用另一个定理,即毕克在 19 世纪所得到的另一个经典的定理. 毕克定理提供了包含在平面中具有格点顶点的单连通多边形区域中的格点数目的一个简单的公式.

我们以概要重述康托在 1874 年所做的证明作为开始. 为了证明实数集是不可

① 译自:The Amer. Math. Monthly, 2010, 117 (7) : 633-637, On Cantor's First Uncountability Proof, Pick's Theorem, and the Irrationality of the Golden Ratio.

数的,我们必须证明:对于任给的相异实数的一个可数序列,存在另一个不在此序列中的实数. 与对角化论证类似,通过提供一个产生这样一个数的明确算法,我们的证明将这样做;与对角化论证不同的是,我们的证明将不利用十进制展开,而是利用实数的有序性质.

令 $\{a_n\}$ 是相异实数的一个可数序列. 假设存在两个不同的项 a_j 和 a_k,使得没有项 a_l 严格地位于 a_j 和 a_k 之间,换言之,假设 $\{a_n\}$ 不具有中间值性质. 令 L 是严格位于 a_j 和 a_k 之间的任一实数,例如 $\dfrac{a_j+a_k}{2}$,则 L 不在序列 $\{a_n\}$ 中.

现在假设 $\{a_n\}$ 有中间值性质. 康托如下递归地构造了两个序列 $\{b_n\}$ 和 $\{c_n\}$. 令 $b_1=a_1$,并令 $c_1=a_2$. 令 b_{k+1} 是 $\{a_n\}$ 中严格位于 b_k 和 c_k 之间的第一项. 令 c_{k+1} 是 $\{a_n\}$ 中严格位于 b_{k+1} 和 c_k 之间的第一项.

我们只考虑 $a_1>a_2$ 的情形,$a_1<a_2$ 情形中的证明是类似的. 由于 $a_1>a_2$,我们得到 $\{b_n\}$ 是一个严格减的序列,而 $\{c_n\}$ 是一个严格增的序列,并且每个 c_n 小于每个 b_m. 再者,如果 $b_n=a_k$,$b_{n+1}=a_l$,那么 $k<l$,对于序列 $\{c_n\}$ 类似的陈述成立,换言之,在我们继续不断地选取诸 b 和诸 c 时,我们在序列 $\{a_n\}$ 中越来越深入. 令 L 是 $\{c_n\}$ 的最小上界. 我们注意到,对于所有的 k,l,有 $c_k<L<b_l$.

我们断言,L 不在序列 $\{a_n\}$ 中. 假设不然,那么对于某个 l,有 $L=a_l$. 选取 m,使得 $b_m=a_k$,$c_m=a_r$,并且 $k,r>l$. 因为诸 b 和诸 c 来自于序列 $\{a_n\}$ 的越来越深处,所以这样的选取总是可能的. 由 b 序列和 c 序列的构造知,对于每个 $i\leqslant\max\{k,r\}$,我们有 $a_i\leqslant c_m$ 或 $a_i\geqslant$

b_m. 然而由上述知,有 $c_m < L < b_m$. 这样,我们就得到了一个矛盾[①],因此得到了一个构思相当精巧的证明结论.

现在我们对一个很特殊的序列而不是一个任意序列 $\{a_n\}$ 来实施康托的论证. 令 $\{a_n\}$ 是大于 0 且小于或等于 1 的有理数集合的标准枚举,也就是说,序列 $\{a_n\}$ 是把所有这些有理数写成既约分数,然后以分母增序排列,具有相同分母的分数以分子增序排列. $\{a_n\}$ 的前若干项是

$$\frac{1}{1},\frac{1}{2},\frac{1}{3},\frac{2}{3},\frac{1}{4},\frac{3}{4},\frac{1}{5},\frac{2}{5},\frac{3}{5},\frac{4}{5},\frac{1}{6},\frac{5}{6},\cdots$$

如上所述取序列 $\{b_n\}$ 和 $\{c_n\}$. 直接计算可知 $\{b_n\}$ 和 $\{c_n\}$ 的前若干项为

$$b_1 = \frac{1}{1}, c_1 = \frac{1}{2}$$

$$b_2 = \frac{2}{3}, c_2 = \frac{3}{5}$$

$$b_3 = \frac{5}{8}, c_3 = \frac{8}{13}$$

$$b_4 = \frac{13}{21}, c_4 = \frac{21}{34}$$

$$b_5 = \frac{34}{55}, c_5 = \frac{55}{89}$$

$$\vdots$$

① 事实上,对于 $a_1 > a_2$ 的情形,必有 $k < r$,因而 $\max\{k, r\} = r$. 而当 $i \leqslant r$ 时,有 $a_i \leqslant c_m$,因而由 $c_m < L$ 得 $a_i < L$. 特别地,$a_1 < L$ 与 $L = a_1$ 矛盾. ——译注

一个令人惊奇的模式不请自来——突然地和没有先兆地,我们的老朋友"斐波那契(Fibonacci)序列"顺便来访问了! 下一个引理将证明,这个模式对所有的 n 都成立.

回忆一下,斐波那契序列 $\{F_n\}$ 由 $F_1 = F_2 = 1$ 和 $F_{n+2} = F_n + F_{n+1}$ 定义.

引理　对于所有的 n,我们有 $b_n = \dfrac{F_{2n-1}}{F_{2n}}$ 和 $c_n = \dfrac{F_{2n}}{F_{2n+1}}$.

证明　我们用关于 n 的归纳法来证明. 基本情形 $b_1 = \dfrac{F_1}{F_2}$ 和 $c_1 = \dfrac{F_2}{F_3}$ 是直接成立的. 现在我们假设 $b_k = \dfrac{F_{2k-1}}{F_{2k}}$ 和 $c_k = \dfrac{F_{2k}}{F_{2k+1}}$. 我们将证明 $b_{k+1} = \dfrac{F_{2k+1}}{F_{2k+2}}, c_{k+1} = \dfrac{F_{2k+2}}{F_{2k+3}}$ 的证明是类似的. 关于 $\dfrac{F_{2k+1}}{F_{2k+2}}$ 我们必须证明两个事实,即它严格地位于 b_k 和 c_k 之间,以及它是序列 $\{a_n\}$ 中第一个这样的项.

$c_k < \dfrac{F_{2k+1}}{F_{2k+2}} < b_k$ 这一事实有一个不用言辞的优美证明. 考虑图 1,令 $\mathbf{v}_1$ 和 $\mathbf{v}_2$ 是 $\mathbf{R}^2$ 中起点分别在 (F_{2k}, F_{2k-1}) 和 (F_{2k+1}, F_{2k}) 的向量. 正如我们从图 1 中容易看出的那样,$\mathbf{v}_1 + \mathbf{v}_2$ 的斜率严格地位于 $\mathbf{v}_1$ 的斜率和 $\mathbf{v}_2$ 的斜率之间. 但是 $\mathbf{v}_1$ 的斜率是 b_k,$\mathbf{v}_2$ 的斜率是 c_k,并且 $\mathbf{v}_1 + \mathbf{v}_2$ 的斜率是

$$\frac{F_{2k-1} + F_{2k}}{F_{2k} + F_{2k+1}} = \frac{F_{2k+1}}{F_{2k+2}}$$

51

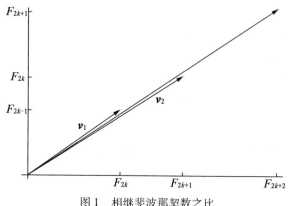

图 1   相继斐波那契数之比

我们现在来证明 $\dfrac{F_{2k+1}}{F_{2k+2}}$ 是序列 $\{a_n\}$ 中位于 b_k 和 c_k 之间的第一项. 我们再次把这些比值看作平面中一些向量的斜率,如图 2 所示.

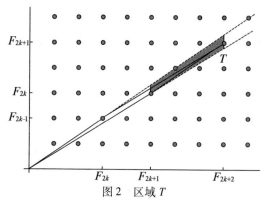

图 2   区域 T

令

$$T=\left\{(x,y)\ \middle|\ F_{2k+1}\leqslant x\leqslant F_{2k+2},\text{并且}\dfrac{F_{2k}}{F_{2k+1}}<\dfrac{y}{x}<\dfrac{F_{2k-1}}{F_{2k}}\right\}$$

阴影区域 T 的边界是一个梯形. 在(位于 T 中的)

两条铅垂线段上的点表示分母为 F_{2k+1} 和 F_{2k+2} 的分数. 在(位于 T 的外部的)两条虚线上的点表示比值 $\dfrac{F_{2k-1}}{F_{2k}}$ 和 $\dfrac{F_{2k}}{F_{2k+1}}$. 图 2 中的格点表示有理数. 我们断言, T 中除了 (F_{2k+2}, F_{2k+1}) 以外没有别的格点. 序列 $\{a_n\}$ 中在数值上位于 c_k 和 b_k 之间, 但在此序列中位于 b_k 和 c_k 之后, $\dfrac{F_{2k+1}}{F_{2k+2}}$ 之前的项恰由这样一个格点所表示, 因而证明这个断言将足以完成引理 1 的证明. 为此, 我们援引下述定理.

定理 1　令 R 是 $\mathbf{R}^2$ 中以格点为顶点的一个单连通多边形区域. 令 A 是 R 的面积, b 是位于 R 的边界上的格点数, 并令 i 是在 R 内部的格点数. 则

$$A = i + \frac{b}{2} - 1$$

注意, 在此情形中我们不能直接应用毕克定理, 因为 T 的顶点也许不是格点. 然而我们可以用 4 个平行四边形 P_1, P_2, P_3 和 P_4 来覆盖 T, 如图 3 所示, 其中 P_1 是由向量 $\boldsymbol{v}_1$ 和 $\boldsymbol{v}_2$ 决定的平行四边形, 其余 3 个是 P_1 的平移, 即 $P_2 = P_1 + \boldsymbol{v}_2, P_3 = P_1 + \boldsymbol{v}_1$ 和 $P_4 = P_1 + 2\boldsymbol{v}_1$. 由一个不难的归纳法得到 $2F_{2k+1} > F_{2k+2}$ 和 $3F_{2k} > F_{2k+2}$, 因而有 $T \subseteq P_1 \cup P_2 \cup P_3 \cup P_4 = P$, 如图 3 所示.

P_1 的面积为

$$\left| \det \begin{pmatrix} F_{2k-1} & F_{2k} \\ F_{2k} & F_{2k+1} \end{pmatrix} \right| = |F_{2k-1}F_{2k+1} - F_{2k}^2| = 1$$

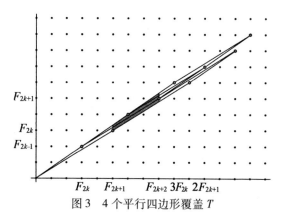

图 3　4 个平行四边形覆盖 T

其中最后的等式由归纳法的一个标准的练习即得,即对于所有整数 $n \geqslant 2$,有 $|F_{n-1}F_{n+1} - F_n^2| = 1$ 这一事实.由于 P_1, P_2, P_3 和 P_4 都是全等的,它们只沿着边相交,所以 P 的面积为 4.相继的斐波那契数是互素的——再一次,一个不难的归纳法可以证明这个事实.由此即得,对于 $j \in \{1, 2, 3, 4\}$,在 P_j 的边界上的格点只是 P_j 的顶点.因而 P 的边界格点恰好是如图 3 所示的 10 个点.

因而由毕克定理知,P 的内部包含 $4 - \dfrac{10}{2} + 1 = 0$ 个格点.所以如所要求的,T 中除了 (F_{2k+2}, F_{2k+1}) 外没有其他格点.

如上,令 L 是序列 $\{c_n\}$ 的最小上界.由引理 1 即得 $L = \lim\limits_{k \to \infty} \dfrac{F_{2k}}{F_{2k+1}}$.令 $\phi = \dfrac{1 + \sqrt{5}}{2}$,其中数 ϕ 称为黄金比.众所周知,相继斐波那契数之比的极限 L 是 ϕ^{-1}(适合于无专业知识的人的一个简捷的证明:令 $M = \lim\limits_{n \to \infty} \dfrac{F_{n+1}}{F_n} =$

$$\lim_{n\to\infty}\frac{F_{n+2}}{F_{n+1}}=\lim_{n\to\infty}\frac{F_{n+1}+F_n}{F_{n+1}}=1+\frac{1}{M}, 解出 M, 得到 M=\phi,$$
再取倒数).

　　康托的推理路线说明, L 不是 $\{a_n\}$ 的元素, 但是 $\{a_n\}$ 包含 0,1 之间的所有有理数. 因为 $0<\phi^{-1}<1$, 所以我们得到结论: ϕ^{-1} 不是有理数. 因而我们有下述定理.

　　定理 2　黄金比是无理数.

　　注意到, 我们的讨论将使许多读者直接回想起 ϕ 的连分数展开. 事实上, 我们关于"康托方法产生的两个序列由相继斐波那契数之比所给出"的证明, 是紧跟着下述事实的证明路线的: 一个截尾连分数在分子小于或等于其分母的所有有理数中给出这个连分数的最佳逼近.

格点多边形和数 $2i+7$[①]

第 3 章

§1 引　言

一、一切是如何开始的

当 Josef Schicho 使用环面几何把一个关于代数曲面的结果翻译成格点多边形的语言时,他得出了一个关于格点多边形的简单的不等式. 这个不等式之前已被斯科特[3](Scott)发现过. Christian Haase 得出了第三个证明. 因此,Christian Haase 和 Josef Schicho 都经历了一段对多边形上瘾的状态. 一旦你开始在方格纸上画格点多边形,并发现了它们的数值不变量之间的关系,要想停下来不是那么容易的.

就这样,Christian Haase 和 Josef Schicho

① 译自:The Amer. Math. Monthly,2009,116(2):151-165.本文由冯贝叶译自美国数学月刊,2009.

带着自己新的不等式不可避免地卷进了这一研究:考虑到 Christian Haase 和 Josef Schicho 所发现的不变量,斯科特不等式可以被加强,我们的不变量就像"剥葱皮"那样可以通过"剥去"多边形的"皮肤"来加以定义(见§3).

二、格点多边形

我们企图研究凸的格点多边形,即顶点的坐标都是整数的凸多边形(图1).然而研究这种多边形时,我们同时也需要研究非凸的多边形,甚至非简单的多边形,即自相交的多边形,它以后也将被证明是有用的.下文中,我们将使用以下缩写

"多边形"="凸的格点多边形"

而当我们使用不整的或非简单的多边形时,将强调这一点.

图 1　多边形——凸的、格点的及非简单的

用 $a=a(P)$ 表示多边形 P 所围的面积,$b=b(P)$ 表示 P 的边界上的格点数以及用 $i=i(P)$ 表示严格位于 P 内部的格点数.一个经典的有关这些数据的结果是:

定理 1(毕克公式)

$$a = i + \frac{b}{2} - 1 \tag{1}$$

在[4]中可找到对此定理的一个彻底的讨论——包括它在林业中的应用.毕克定理不仅是多边形的三个参数 a,b 和 i 之间的一个关系式,而且由它还可以得出一个

限制 $b \geqslant 3$ 以及立即得出两个不等式 $a \geqslant i + \dfrac{1}{2}$ 和 $a \geqslant \dfrac{b}{2} -$ 1. 是否还有其他的限制? 为保持悬念起见,我们不准备现在显示最后的不等式,我们推荐性急的读者去看 §4 中的结论部分,那里有关于本章主要结果的总结.

三、格点的等价

显然面积 $a(P)$ 在平面上的刚体运动下是不变的. 另一方面,由于数 $i(P)$ 和 $b(P)$ 在刚体运动下并不是保持不变的,所以它们并不是欧几里得(Euclid)几何的概念,但是它们在格点的等价下却是保持不变的. 格点的等价是一个在格点 $\mathbf{Z}^2$ 的同态限制下的平面上的仿射映射 $\Phi : \mathbf{R}^2 \to \mathbf{R}^2$. 所有定向的保持格点不变的等价构成一个群,半直积 $SL_2\mathbf{Z} \ltimes \mathbf{Z}^2$.

任何格点的等价 Φ 具有形式 $\Phi(x) = Ax + y$,其中 A 是一个矩阵,而 y 是一个向量. 格点的等价性质 $\Phi(\mathbf{Z}^2) = \mathbf{Z}^2$ 蕴涵 A 和 y 中的元素必须都是整数,并且对逆映射 $\Phi^{-1}(x) = A^{-1}x - A^{-1}y$ 也如此. 因此 $\det A = \pm 1$,而 Φ 也是保面积 $a(P)$ 的.

在我们所有的讨论中,都将认为格点等价的多边形是不可分辨的. 例如,图 2 中左边的四边形在我们看来就像一个正方形一样. 因此,角度和欧几里得几何中的长度在格点的等价下不是保持不变的. 在格点几何中,代替线段长度的概念是此线段所含的格点数目再减去 1. 在此意义下,b 就是 P 的周长. 这里有一个习题可以帮助我们感受什么事是格点的等价可以做的,什么事又是它不能做的.

$$\begin{pmatrix} 3 & 1 \\ 2 & 1 \end{pmatrix}$$

$$\begin{pmatrix} 1 & -1 \\ -2 & 3 \end{pmatrix}$$

图 2　两个格点等价的四边形

练习 1　给定多边形 P 的一个顶点 x，证明：存在唯一的保定向的格点的等价 Φ，使得 $\Phi(x)=(0,0)'$，并且存在（必定是唯一的）互素的 $p,q(0<p\leqslant q)$，使得线段 $[(1,0)',(0,0)']$ 和 $[(0,0)',(-p,q)']$ 都被包含在 $\Phi(P)$ 的边中．

四、为什么是代数几何

环面几何是离散几何和代数几何之间的一个强有力的联系（参看[5]）．这一联系的核心是一个简单的对应

格点　　　　　　　　劳伦（Laurent）单项式

$$\boldsymbol{p}=(p_1,\cdots,p_m)\in \mathbf{Z}^m \leftrightarrow x^{\boldsymbol{p}}=x_1^{p_1}\cdots x_m^{p_m}\in C[x_1^{\pm 1},\cdots,x_m^{\pm 1}]$$

这一联系是由 M. Demazure 出于另外的目的（研究克列蒙纳（Cremona）群的代数子群）在代数几何中揭示的. R. Stanley[6] 在组合理论中使用它对具有可能面数的简单凸多边形加以分类. R. Krasauskas[7] 在几何建模中去构造一种具有新的控制结构的环面（图 3）.

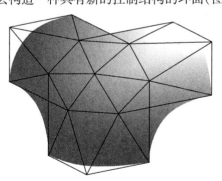

图 3　具有六边形控制结构的环面

59

对任何多边形 P,劳伦单项式都对应于它的如下定义:在维数为 $n = b + i - 1$ 的射影空间 P^n 中的环面 X_p 上的格点,把这些格点编号为 $P \cap \mathbf{Z}^2 = \{p_0, \cdots, p_n\}$,这样,$X_p$ 是由劳伦单项式 $x \longmapsto (x^{p_0} : \cdots : x^{p_n})$ 所参数化的映射象的闭包,这个参数化可以看成是 $(C^*)^2 \to P^n$ 的一个映射. 格点等价的多边形定义了相同的环面.

就像我们所期盼的那样,存在一个从环面几何到格点几何的翻译:环面的次数等于面积的两倍,而内点的个数等于曲面的通有的剖分数. 例如,设 Γ 是顶点为 $(0,0)^t$,$(1,2)^t$ 和 $(2,1)^t$ 的三角形(它有一个内点 $(1,1)^t$),那么对应的环面由 $(1 : x_1 x_2^2 : x_1^2 x_2 : x_1 x_2) \in P^3$ 给出,它的次数是 3,这也可以由它的隐函数方程 $y_1 y_2 y_3 - y_4^3 = 0$ 得出,它的次数也是 3,而它的剖分数是 1,即如果我们用 P^3 中一个通有的双曲面去横截它,那么我们就得到一个通有的黎曼(Riemann)曲面.

在环面几何中毕克公式以黎曼 – 罗赫(Roch)定理的推论的形式出现.

五、例子

现在让我们通过几个例子先来处理多边形有可能参数化的问题. 我们是否能用 b 来给出 a 或者 i 的界? 图 4 给出了 $b = 3$,而 a 和 i 可以任意大的例子. 因此不存在类似于等周不等式的格点几何.

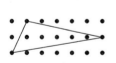

图 4 $b = 3$,而 a 和 i 可以任意大的例子

关于相反方向的界又如何呢？我们是否能用 i 来给出 b 的界？问得好，图5给出了一族 $i=0$，而 b 可任意大的例子.

图5　$i=0$，而 b 可任意大的例子

也许，对 $i>0$，不存在那种族. 但对 $i=1$，恰有16种格点等价类，在图6中显示了这些等价类. 我们看出，所有 b 的值都出现在范围 $[3,9]$ $(9=2i+7)$ 之中. 标号为 $3\triangle$ 的多边形是一个扩大了3倍的标准三角形，其顶点是 $[(0,0)^t,(1,0)^t,(0,1)^t]$，两个直角边是单位向量，下面它将起重要的作用.

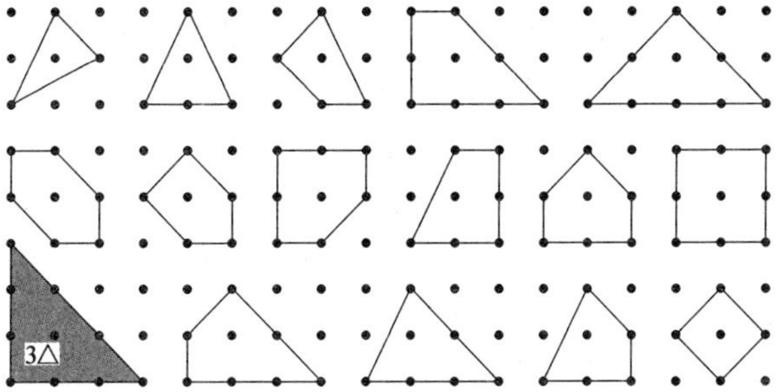

图6　所有 $i=1$ 的多边形

对 $i\geqslant 2$，我们可以做什么？在图7中，显示了一族所有 b 的值都满足限制关系 $4\leqslant b\leqslant 2i+6$ 的多边形. 事实上，斯科特已证明 $2i+6$ 是我们所能得到的最好的界了.

斯科特的证明是初等的，并且足够短，因此允许本文将其收入. 我们还给出了另外两个证明，其中一个使用了环面几何，这个证明仅仅看出了斯科特不等式其实就是代数几何中一个著名的不等式（[8]中定理6）

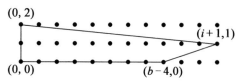

图 7   满足限制关系 $4 \leqslant b \leqslant 2i + 6$ 的多边形

应用到环面上时的一个翻译过来的版本. 第三个证明仍然是初等的, 并且正是为寻找这个证明使得 Christian Haase 上了瘾.

对不等式 $b \leqslant 2i + 6$, 我们有任意多个使得等号成立的例子(图 7), 但是在所有这些例子中, 内点都是共线的. 在内点不共线的补充假设下, 这个不等式可加强为 $b \leqslant i + 9$. i 前面的系数可以通过引进所谓多边形的层数这一概念而进一步改善: 粗略地讲, 这表示一个人可以通过内点的凸包的次数.

在准备继续向前走之前, 我们预先强调, 大多数的考虑都已突破了平面的限制而进入了 3 维空间, 而毕克公式在 3 维空间中并没有类似的结果. 然而, 上面我们所提到的一些现象在高维空间中也有. 例如, 我们可以构造出这种四面体, 它没有边界点和内点, 而体积却可以任意大. 这首先是由 J. Reeve[9] 指出的(图 8). 此外, 当 $i > 0$ 时, 体积是有界的这一现象在任意维数的空间中都成立.

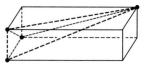

图 8   Reeve 单纯形

§2　$b \leqslant 2i+7$ 的三种证明

设 P 是有内点的格点多边形，a 是它的面积，i 是内点的数目，而 b 是边界点的数目. 从毕克公式的角度来看，以下三个不等式是等价的.

性质 1　如果 $i>0$，那么

$$b \leqslant 2i+7 \tag{1}$$

$$a \leqslant 2i+\frac{5}{2} \tag{2}$$

$$b \leqslant a+\frac{9}{2} \tag{3}$$

之中的等号仅对图 6 中的三角形 $3\triangle$ 成立.

一、斯科特的证明

对 P 应用格点的等价使得 P 和矩形 $[0,p'] \times [0,p]$ 紧贴(译者注:所谓紧贴是指 P 与上述矩形之间没有空隙，或者 P 的边界点都在上述矩形的四条边上，而 P 在那个矩形的内部)，而 P 应尽可能小，这样 $2 \leqslant p \leqslant p'$ (注意 $i>0$). 如果 P 和上述矩形的上底和下底的交的长度分别是 $q \geqslant 0$ 和 $q' \geqslant 0$，那么(图 9)

$$b \leqslant q+q'+2p \tag{4}$$

图 9　矩形中紧贴矩形的 P

63

$$a \geqslant \frac{p(q+q')}{2} \tag{5}$$

我们分以下三种情况讨论:

(1) $p=2$,或 $q+q' \geqslant 4$,或 $p=q+q'=3$;

(2) $p=3$ 并且 $q+q' \leqslant 2$;

(3) $p \geqslant 4$ 并且 $q+q' \leqslant 3$.

对前两种情况,易证不等式(4)和(5)成立.

(1) 我们有

$$2b-2a \leqslant 2(q+q'+2p) - p(q+q')$$
$$= (q+q'-4)(2-p) + 8 \leqslant 9$$

这证明了性质 1 中的不等式(3)(当且仅当 $p=q+q'=3$,$a=\frac{9}{2}$ 以及 $b=9$ 时等号成立).

(2) 估计式 $b \leqslant q+q'+2p \leqslant 8$,再加上 $i \geqslant 1$ 就证明了性质 1 中的不等式(1)确实是满足的.

(3) 这是唯一一种需要我们稍微费点事的情况. 在 P 中选择点 $x=(x_1,p)^t$, $x'=(x_1',0)^t$, $y=(0,y_2)^t$ 以及 $y'=(p',y_2)^t$,使得 $\delta=|x_1-x_1'|$ 尽可能小,那么 $a \geqslant \frac{p(p'-\delta)}{2}$(图 10).

作为一个习题,证明在这些参数下,P 就是图 6 中的三角形 3△.

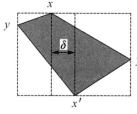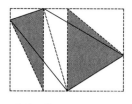

图 10　两个总面积为 $a \geqslant \frac{p(p'-\delta)}{2}$ 的三角形

现在验证工作就是应用等价性使得 δ 变小.

练习2　应用形如 $\begin{pmatrix} 1 & k \\ 0 & 1 \end{pmatrix}$ 的格点的等价可以使得

$$\delta \leqslant \frac{p-q-q'}{2}.$$

这个格点的等价将使得 q, q' 和 p 不变,因为它使得 x_1 轴不动. 由于已经假设 p 是最小的,我们仍将有 $p \leqslant p'$. 这样,就得出

$$a \geqslant \frac{p(p+q+q')}{4} \tag{6}$$

以及

$$\begin{aligned}
4(b-a) &\leqslant 8p + 4q + 4q' - p(p+q+q') \\
&= p(8-p) - (p-4)(q+q') \\
&\leqslant p(8-p) \leqslant 16
\end{aligned}$$

由于在情况(3)中 $p \geqslant 4$,这就证明了性质 1 中的不等式(3)确实是满足的.

二、修剪顶点

这个证明是对 i 做归纳法. 如果 $i=1$,我们可以只对 P 的 16 种格点等价类验证不等式.

为了使用归纳法,我们想"砍掉顶点". 如果 $i \geqslant 2$ 且 $b \leqslant 10$,那么我们没什么证明可做,因此可假设 $b \geqslant 11$. 应用格点的等价,不失一般性,我们可假设 **0** 和 $(1,0)'$ 位于 P 的内部. 如果有必要,对 x_1 轴做反射以保证至少有 5 个边界点有正的第二个坐标.

首先,设存在一个带有正的第二个坐标但其模不是单位的顶点 v,即由 v 和与它相邻的两边界点 v' 和 v'' 形成的三角形的面积大于 $\frac{1}{2}$. 设 P' 是凸包 $\operatorname{conv}(P \cap \mathbf{Z}^2 \setminus v)$. 砍掉点 v 使我们的参数变化为 $b' =$

$b + k - 2, i' = i - k + 1$. 因此, 由毕克公式得出 $a' = a -$ $\frac{k}{2}$, 其中 k 是从点 v 可看见的 P' 的边界的长度. 由于 v 的模不是 1 (图 11), 因此在 $\triangle vv'v''$ 中存在一个另外的格点, 这样, 我们有 $k \geqslant 2$. 由于存在其他的具有正的第二个坐标的格点, 且 $\mathbf{0}$ 或 $(1,0)'$ 留在 P' 之内, 因而现在我们可以使用归纳假设法.

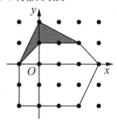

图 11 砍掉一个模不是 1 的顶点

现在, 如果所有具有正的第二个坐标的格点的模都是 1, 我们可类似地砍掉一个顶点以及与它相邻的两个边界点 v' 和 v'' (图 12)

$$\operatorname{conv} P' = \operatorname{conv}(P \cap \mathbf{Z}^2 \backslash v, v', v'')$$

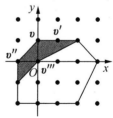

图 12 砍掉一个模是 1 的顶点 (及它的邻居)

这样点 $v''' = v' + v'' - v$ 属于 P 的内部, 而与 P' 相邻的两条线段从所去掉的点处看都是可见的. 因而, 参数变化为

$$b'=b+k-4, i'=i-k+1, a'=a-\frac{k}{2}-1$$

其中 $k \geqslant 2$ 是从所去掉的点处可看见的 P' 边界的长度. 就像上面已看出的那样,在 P' 内存在具有正的第二个坐标的格点,因此 $\mathbf{0}$ 或 $(1,0)'$ 位于 P' 的内部.

三、代数几何

我们用字母 d 和 p 分别表示代数曲面的次数和剖分数. 对任意代数曲面成立不等式

$$p \leqslant \frac{(d-1)(d-2)}{2}$$

如果曲面是有理的,即它可被有理函数参数化,那么存在更多的不等式.

定理 2　(1)如果 $p=1$,那么 $d \leqslant 9$;

(2)如果 $p \geqslant 2$,那么 $d \leqslant 4p+4$.

当 $p=1$ 时的有理曲面称为 Del Pezzo 曲面,次数的界 9 是由 Del Pezzo[11] 证明的,而界 $d \leqslant 4p+4$ 是由 Jung[12] 证明的. 因此,这个证明方法实际上是旧的,一个现代的证明方法可见 Schicho 的文章[8].

环面是有理的,并且对环面来说,斯科特不等式和定理 2 是等价的.

§3　洋 葱 皮

在平面上取一个固体的多边形 P 放在你的手中,并且将它的外壳剥去,你将得到另一个凸多边形 $P^{(1)}$,它就是原来多边形内点的凸包. 当然,除了 $i=0$ 这种使得 P 有一个"空的核"的情况外,如果内点是共线的,那么 $P^{(1)}$ 就是一个"退化的多边形",即一条直线段或单个的点.

尽可能长地重复这一过程,一个又一个地剥掉多边形的外壳(图 13), $P^{(k+1)} = (P^{(k)})^{(1)}$,经过 n 步后,你就到达了一个核心,它或者是一个退化的多边形,或者是一个空的核. 我们定义层数 $l = l(P)$ 如下:

(1)如果核心是退化的多边形,那么 $l(P) = n$;

(2)如果核心是 $\triangle$,那么 $l(P) = n + \dfrac{1}{3}$;

(3)如果核心是 $2\triangle$,那么 $l(P) = n + \dfrac{2}{3}$;

(4)如果核心是任意其他的空集,那么 $l(P) = n + \dfrac{1}{2}$.

这里 $\triangle$ 表示一个(格点等价于)标准三角形 $\mathrm{conv}[(0,0)^t, (1,0)^t, (0,1)^t]$ 的多边形. 这个古怪定义的目的是为了叙述下面练习中的两个命题.

练习 3 证明以下两式唯一地定义了 l:

(1) $l(P) = l(P^{(1)}) + 1$,如果 $P^{(1)}$ 是 2 维的;

(2) $l(kP) = kl(P)$,其中 k 是正整数.

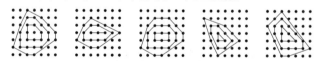

图 13 具有层数 $3, 2, \dfrac{5}{2}, \dfrac{7}{3}$ 和 $\dfrac{8}{3}$ 的多边形

多边形的层数类似于欧氏几何中内接圆的半径,这时,我们有 $2a = lb$. 在格点几何中,我们有一个不等式.

洋葱皮定理 设 P 是一个凸的格点多边形,其面积为 a,层数为 $l \geq 1$,而 b 和 i 分别是边界点和内点的

数目. 那么 $(2l-1)b \leqslant 2i+9l^2-2$,或等价于 $2lb \leqslant 2a+9l^2$,或等价于 $(4l-2)a \leqslant 9l^2+4l(i-1)$,当且仅当 P 是 $\triangle$ 的倍数时等号成立.

对 $l>1$,这些不等式确实加强了起初的不等式 $b \leqslant 2i+7$. 我们给出两个初等的证明,一个类似于斯科特的证明,另一个稍微长一点,然而它对剥葱皮的过程给出了更深刻的看法. 例如,它说明了所有使得 $P^{(1)}=Q$ 的多边形 P 的集合或者是空集,或者有一个最大元. 这里 Q 是某一个固定的多边形.

一、把边去掉

使用这一技巧,实际上可以加强上一节的界,例如:

(1) 如果 $P^{(l)}$ 是一个点,但是 $P^{(l-1)} \neq 3\triangle$,那么 $(2l-1)b \leqslant 2i+8l^2-2$;

(2) 如果 $P^{(l)}$ 是一条线段,那么 $(2l-1)b \leqslant 2i+8l^2-2$.

我们把证明归结为 P 是从 $P^{(1)}$ "去掉一条边" 而得到的情况. 在下面三个引理中,我们都将这样做. 最后,引理 4 将得出证明洋葱皮定理所需的归纳步骤.

我们说对互素的 a_1,a_2,不等式 $\langle \boldsymbol{a},\boldsymbol{x} \rangle = a_1 x_1 + a_2 x_2 \leqslant b$ 定义了一个多边形 Q 的边,如果这个不等式对所有的 $x \in Q$ 都满足,那么去掉一条边意味着把不等式 $\langle \boldsymbol{a},\boldsymbol{x} \rangle \leqslant b$ 放缩为 $\langle \boldsymbol{a},\boldsymbol{x} \rangle \leqslant b+1$.

引理 1　设不等式 $\langle \boldsymbol{a},\boldsymbol{x} \rangle \leqslant b$ 定义了 $P^{(1)}$ 的一条边,那么对 P 成立 $\langle \boldsymbol{a},\boldsymbol{x} \rangle \leqslant b+1$.

这表示如果去掉 $Q=P^{(1)}$ 的所有的边,我们就得出包含 P 的集 $Q^{(-1)}$(图 14).

证明　我们可以用格点的等价把情况归结为有一

条边由 $x_2 \leqslant 0$ 定义,而 $(0,0)^t$ 和 $(1,0)^t$ 是 $P^{(1)}$ 的位于这条边两端格点的情况. 设 P 有一个使得 $v_2 > 1$ 的顶点 v,那么由这三个点构成的三角形的面积 $\frac{v_2}{2} \geqslant 1$. 因此,必有另一个格点位于 P 的内部,并且其第二个坐标是正的.

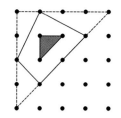

图 14   如果 $Q = P^{(1)}$,那么 $P \subseteq Q^{(-1)}$

对任意的 Q,$Q^{(-1)}$ 不一定有整数格点(图 15),但是这就说明,对某个 P 来说,并不是每个多边形都可以成为 $P^{(1)}$,一个必要条件是这种多边形要有好的角(图 16).

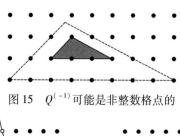

图 15 $Q^{(-1)}$ 可能是非整数格点的

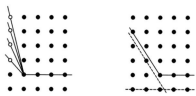

图 16   好的角和坏的角

引理 2　如果 $P^{(1)}$ 是 2 维的,那么对 $P^{(1)}$ 的每个顶点 v,由 $P^{(1)}-v$ 生成的锥格点等价于由 $(1,0)^t$ 和 $(-1,k)^t$ 生成的锥,其中 $k \geqslant 1$ 是某个整数.

证明　假设经过格点的等价后,$v=0$,并且问题中的锥由 $(1,0)^t$ 和 $(-p,q)^t$ 生成,其中 $p,q(0<p \leqslant q)$ 互素(见练习 1).由引理 1 知,P 的所有的点满足 $x_2 \geqslant -1$ 和 $qx_1+px_2 \geqslant -1$,但是这蕴涵 $x_1+x_2 \geqslant -1+\dfrac{p-1}{q}$.因此如果 $p>1$,那么 P 就是整数格点的,因而对所有 P 的点有 $x_1+x_2 \geqslant 0$,这与 $0 \in P^{(1)}$ 矛盾.

对一个多边形的顶点 v,定义一个移位顶点 $v^{(-1)}$ 如下:设 $(a,x) \leqslant b$ 和 $(a',x) \leqslant b'$ 是两条在点 v 处相交的边,那么我们用 $v^{(-1)}$ 表示 $(a,x)=b+1$ 和 $(a',x)=b'+1$ 唯一的解.根据引理 2 知,当我们处理 $P^{(1)}$ 时,$v^{(-1)}$ 必须是一个格点(在引理中,它就是 $(0,-1)^t$).这样,我们就得到了对某个 $P,Q=P^{(1)}$ 的特征.

引理 3　对多边形 Q,以下两件事等价:

(1)对某个 $P,Q=P^{(1)}$;

(2)$Q^{(-1)}$ 有整数顶点.

这样,对给定的 Q,使得 $P^{(1)}=Q$ 的最大的 P 就是 $P=Q^{(-1)}$.在我们用归纳法证明洋葱皮定理,并从 l 转到 $l+1$ 时,我们将(并且可以)把问题限于这种情况.

证明　如果 $Q^{(-1)}$ 有整数顶点,那么它的内部格点将生成 Q,反过来,如果 $Q=P^{(1)}$,那么我们断言

$$Q^{(-1)} = \operatorname{conv}\{v^{(-1)}:v \text{ 是 } Q \text{ 的顶点}\} \qquad (1)$$

(注意,根据引理 2,$v^{(-1)}$ 是一个格点).

"$\subseteq$":这个包含关系对任意的 Q 成立.设 $\boldsymbol{a}_1,\cdots,\boldsymbol{a}_n$ 是法向量,而 $\boldsymbol{b}_1,\cdots,\boldsymbol{b}_n$ 是 Q 的边的右边的向量.又

设 $v_1,\cdots,v_n$ 是 Q 的顶点,因此第 k 边是线段 $[v_k,v_{k+1}]$ ($k \bmod n$).

对点 $y \in Q^{(-1)}$,设 $\langle a_k,x\rangle \leqslant b_k$ 是 Q 的使得 $\langle a,y\rangle - b$ 最大的边,因此如果 $\langle a_k,y\rangle - b_k \leqslant 0$,那么 $y \in Q$. 否则就有:

(1) $b_k \leqslant \langle a_k,y\rangle \leqslant b_k + 1$;

(2) $\langle a_k,y\rangle - b_k \geqslant \langle a_{k-1},y\rangle - b_{k-1}$;

(3) $\langle a_k,y\rangle - b_k \geqslant \langle a_{k+1},y\rangle - b_{k+1}$.

这些不等式刻画了 $\{v_k,v_k^{(-1)},v_{k+1},v_{k+1}^{(-1)}\}$ 的凸包(的一个子集).

"$\supseteq$":对此包含关系,我们精确地使用 $Q = P^{(-1)}$. 图 17 显示了在一般情况下,等式(1)可以怎样失效.

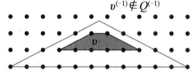

图 17　在一般情况下,等式(1)可以失效

在我们的情况中 $Q = P^{(-1)}$,因此需要证明对 $Q^{(-1)}$ 来说,$v_k^{(-1)}$ 满足所有的不等式 $\langle a_j,w_j\rangle \leqslant b_j + 1$. 我们的假设蕴涵 P(并且根据引理 1 知,$Q^{(-1)}$ 也如此)包含使得 $\langle a_j,w_j\rangle = b_j + 1$ 的点 w_j,没有其他边的法向量属于由 a_{k-1} 和 a_k 生成的锥. 因此对 $j \neq k,k-1$,或者 $\langle a_j,v_k^{(-1)}\rangle \leqslant \langle a_j,w_{k-1}\rangle \leqslant b_m + 1$,或者 $\langle a_j,v_k^{(-1)}\rangle \leqslant \langle a_j,w_k\rangle \leqslant b_m + 1$(或者以上两式都成立).

最后,我们就可以证明对我们的归纳步骤来说是关键性的引理.

引理 4　设 $b^{(1)}$ 是 $P^{(1)}$ 边界点的数目,那么 $b \leqslant b^{(1)} + 9$,当且仅当 P 是 $\triangle$ 的倍数时等号成立.

当 $P^{(1)}$ 是 2 维时,由此引理立即得出 $b \leqslant b^{(1)} +$

72

$9 \leqslant i+9.$

为证此引理,我们需要 B. Poonen 和 F. Rodriguez-Villegas[13] 的结果. 考虑一个从 x 到 y 的不包含其他格点的线段 s,称 s 是可行的,如果凸包 $\mathrm{conv}(0,x,y)$ 不包含其他的格点. 与此等价地,s 是可行的,如果行列式 $\begin{vmatrix} x_1 & y_1 \\ x_2 & y_2 \end{vmatrix}$ 的符号 $\mathrm{sgn}(s)$ 等于 ± 1. 可行线段的序列 $(s^{(1)},\cdots,s^{(n)})$ 的长度是 $\sum \mathrm{sgn}(s^{(k)})$.

可行线段的对偶是唯一使得 $\langle a,x \rangle = \langle a,y \rangle = 1$ 成立的整法向量 $a = a(s)$. 一个闭的多边形是可行的,如果它能被细分成可行线段 $(s^{(1)},\cdots,s^{(n)})$. 对偶多边形定义为联结本身是一条边的顶点或格点的法向量 $a = a(s^{(k)})$ 的多边形(图 18).

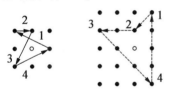

图 18　一个多边形和它的对偶多边形,其长度分别是 $1-1+$
1 + 1 和 1 + 2 + 3 + 4(中间的白圈表示原点)

定理 3(Poonen 和 Rodriguez-Villegas)　可行多边形的对偶多边形仍是可行的. 可行多边形及其对偶多边形的长度之和是多边形扭转数(winding number,译者注,也有译作缠绕数的)的 12 倍.

直观上,扭转数计数了多边形围绕原来的位置扭转了多少次(图 19). 对偶多边形和原来的多边形有相同的扭转数. 本节中,我们只关注扭转数为 1 的多边形.

图 19   一个扭转数为 -2 的多边形

引理 4 的证明   设 $Q = P^{(1)}$，由引理 1，我们有 $P \subseteq Q^{(-1)}$ 以及由引理 3 知，$Q^{(-1)}$ 有整数顶点。还要注意，Q 的边界点数是 $b^{(1)}$，而 b' 是 $Q^{(-1)}$ 的边界点数。由于 P 和 $Q^{(-1)}$ 的内点数相同以及有 $P \subseteq Q^{(-1)}$，因此由毕克定理可知 $Q^{(-1)}$ 的边界点数至少和 P 的边界点数相等，换句话说 $b' \geqslant b$。

对 Q 的每个顶点 $v_i^{(1)}, i = 1, \cdots, n$，有 $Q^{(-1)}$ 的一个对应的顶点 v_i。考虑以 $v_1 - v_1^{(1)}, \cdots, v_n - v_n^{(1)}$ 为顶点的可行多边形（可能不是凸的，也不是简单的）。由于在 Q 和 $Q^{(-1)}$ 之间没有格点，因此它是可行的。读者可设想一下，当 Q 收缩成一个点时，$Q^{(-1)}$ 还剩下什么。这个多边形的每条边都度量了 $Q^{(-1)}$ 和 Q 的对应边（带有正确的符号）之间的差别，即这个多边形的长度恰等于 $b' - b^{(1)}$（图 20）。

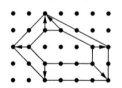

图 20   一个从 $(P, P^{(1)})$ 得出的可行多边形及其对偶多边形

现在，对偶多边形将走过 Q 的法向量。因此所有线段的长度都是正的，且不可能小于 3。只有唯一的一种线段的长度是 3，那就是 $3\triangle$ 的对偶多边形。这样 $b - b^{(1)} \leqslant b' - b^{(1)} \leqslant 12 - 3$，等号仅对 $\triangle$ 的倍数成立。

洋葱皮定理的证明   对 l 做归纳。

（1）对 $l = 1$，不等式 $b \leqslant 2i + 7$ 前面已经证明过；

（2）对 $l=\dfrac{4}{3}$，我们有 $i=3$ 以及 $P\subseteq4\triangle$，因此 $b\leq12$；

（3）对 $l=\dfrac{5}{3}$，我们有 $i=6$ 以及 $P\subseteq5\triangle$，因此 $b\leq15$；

（4）对 $l=\dfrac{3}{2}$，引理 4 成为 $b\leq i+8$，它比我们所需要的结果更强.

如果 $l\geq2$，我们有

$$
\begin{aligned}
(2l-1)b &\leq (2l-1)b^{(1)}+9(2l-1)\\
&=2b^{(1)}+(2(l-1)-1)b^{(1)}+9(2l-1)\\
&\leq2b^{(1)}+2i^{(1)}+9(l-1)^2-2+9(2l-1)\\
&=2i+9l^2-2
\end{aligned}
$$

二、推广的斯科特的证明

这就是我们上面提到过的洋葱皮定理的第二个证明. 就像在 §2 中那样，使得 P 和矩形 $[0,p']\times[0,p]$ 紧贴，且 $p\leq p'$. 设矩形的上底和下底的长度分别是 q 和 q'（图 9）. 我们仍然用格点的等价变换使得 p 尽可能小，并且 P 的在顶边和底边上的点之间的水平距离小于或等于 $\dfrac{p-q-q'}{2}$. 我们仍然获得以下不等式

$$b\leq q+q'+2p \tag{2}$$

$$a\geq\frac{p(q+q')}{2} \tag{3}$$

$$a\geq\frac{p(p+q+q')}{4} \tag{4}$$

设 $x=\dfrac{p}{l}$ 和 $y=\dfrac{q+q'}{l}$，那么 $x\geq2$，由于当过渡到 $P^{(1)}$ 时，高度将至少减少 2.① 从不等式（2）（3）我们得出

---

① 当 $x\leq3$ 时，等号仅对 $\triangle$ 的倍数成立.

$$\frac{2bl - 2a - 9l^2}{l^2} \leqslant \frac{2(q + q' + 2p)}{l} - \frac{p(q + q')}{l^2} - 9$$
$$= -xy + 4x + 2y - 9$$

从不等式(2)(4)我们得出

$$\frac{4lb - 4a - 18l^2}{l^2} \leqslant \frac{4(q + q' + 2p)}{l^2} - \frac{p(p + q + q')}{l^2} - 18$$
$$= -x^2 - xy + 8x + 4y - 18$$

对 $x \geqslant 2$ 和 $y \geqslant 0$,就像在图 21 中所示的那样,多项式 $p_1(x,y) = -xy + 4x + 2y - 9$ 和 $p_2(x,y) = -x^2 - xy + 8x + 4y - 18$ 中至少有一个是 0 或负的(阴影部分分别是 p_1 和 p_2 取非负值的区域). 仅有一个点即 $(x,y) = (3,3)$,可以使两个上界同时达到 0,而这是洋葱皮定理中唯一可使等号成立的地方. 等号仅对 △ 的倍数成立,我们将此留作习题.

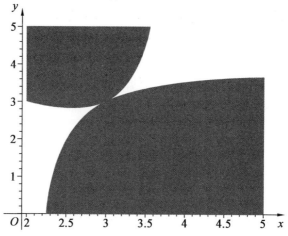

图 21　至少一个多项式要小于或等于 0

76

§4　总　　结

一、结果的总结

对三元数组 (a, b, i)，以下命题等价：

（1）存在一个凸的格点多边形 P 使得 $(a, b, i) = (a(P), b(P), i(P))$；

（2）$b \in Z_{\geqslant 3}, i \in Z_{\geqslant 0}, a = i + \dfrac{b}{2} - 1$，并且 $i = 0$，或 $i = 1$ 并且 $b \leqslant 9$，或者 $i \geqslant 2$ 并且 $b \leqslant 2i + 6$.

此外，如果 $l = l(P)$，那么 $(2l - 1)b \leqslant 2i + 9l^2 - 2$.

二、讨论

洋葱皮定理是否有代数几何的证明？目前还没有. 在多边形和代数之间的环面字典中也还没有多边形层次的代数几何术语. 在此方向的第一步是"剥洋葱皮"的过程——或宁可说是它的代数几何的类似物——对代数曲面的有理参数化的简化[15].

在任何情况下，洋葱皮定理都给出代数几何的一个猜测，即对任意次数为 d，剖分数为 p 以及层数为 l 的有理代数曲面使 $(2l - 1)d \leqslant 9l^2 + 4l(p - 1)$ 成立. 其中代数曲面的层数将通过上面说过的剥皮过程加以定义. 这个不等式对洋葱皮定理是成立的，然而对于不是环面的有理曲面，我们确实还不知道任何证明（但也不知道任何反例）.

闵嗣鹤论格点多边形的面积公式

第

4

章

一个多边形的顶点如果全是格点,这个多边形就叫作格点多边形. 由于格点多边形是比较特殊的多边形,它和格点有更密切的关系,因此,我们提出这样的问题:对于格点多边形,能否建立格点数目和面积之间的精密公式? 这个问题如果能够得到肯定的回答,那对于用方格法求面积也是有帮助的. 如图 1,我们作了两个格点多边形:一个包含着所求面积,另一个被含在所求面积的内部. 显然,所求面积 A 一定在这两个格点多边形的面积 A_1 和 A_2 之间,即

$$A_1 \leqslant A \leqslant A_2$$

从上式各减去 A_1 和 A_2 的平均值,就得到

$$A_1 - \frac{A_1 + A_2}{2} \leqslant A - \frac{A_1 + A_2}{2} \leqslant A_2 - \frac{A_1 + A_2}{2}$$

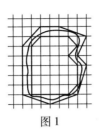

图1

即

$$-\frac{A_2 - A_1}{2} \leqslant A - \frac{A_1 + A_2}{2} \leqslant \frac{A_2 - A_1}{2}$$

或

$$\left| A - \frac{A_1 + A_2}{2} \right| \leqslant \frac{A_2 - A_1}{2}$$

这说明:如果我们用所作两个格点多边形面积的平均值作为所求面积的近似值,误差顶多是两个格点多边形面积差的一半.这种求面积近似值的方法可以看成是方格法和三角法的结合.

在一般的数学书里面,只介绍公式的证明而不介绍怎样寻求公式.这里,为了引起读者钻研问题的兴趣,我们要借助一个简单的例子——寻求联系格点多边形的面积和格点数的精确关系——说明怎样通过特殊的情形归纳出一般的公式.

为简单起见,我们假定每个小方格的边长 $d = 1$.首先,我们选择面积和格点数都容易计算的格点多边形作为具体例子,加以讨论.例如,边长是 1 或 2 的格点正方形(图 2 中的正方形 $OABC$ 和正方形 $OPQR$),两腰是 1 的格点三角形(图 2 中的 $\triangle OAB$),一腰是 1,一腰是 2 的直角三角形(图 2 中的 $\triangle OPC$),边长是 2 和 4 的格点矩形(图 2 中的矩形 $OLMR$).我们把它们的面积 A,内部格点数 N 和边上格点数 L,列成一表,如表 1 所示.

79

表 1

图形	A	N	L	$A-N$	$\dfrac{L}{2}$
正方形 $OABC$	1	0	4	1	2
正方形 $OPQR$	4	1	8	3	4
$\triangle OAB$	$\dfrac{1}{2}$	0	3	$\dfrac{1}{2}$	$\dfrac{3}{2}$
$\triangle OPC$	1	0	4	1	2
矩形 $OLMR$	8	3	12	5	6

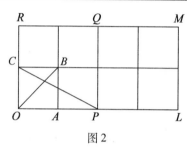

图 2

看过表 1 的前四列,我们可能感到很失望,A,N,L 之间几乎看不出什么联系来. 不过我们在前面已经看到,当 A 很大时,A 和 N 的差是(相对地说)很小的. 因此,我们在表上添了一列,包含 $A-N$ 的值,这列数字是随着 L 的增大而增大的. 如果用 2 去除 L,列到最后一列,我们立刻得到下面有趣的关系

$$A-N=\frac{L}{2}-1$$

即

$$A=N+\frac{L}{2}-1 \qquad (1)$$

这就是说,如果我们把边上的每一个格点作为半个来计算,那么,格点数 $N+\dfrac{L}{2}$ 和面积 A 的差就恰好是 1.

第 4 章　闵嗣鹤论格点多边形的面积公式

公式(1)是我们从五个特例归纳出来的,它到底是正确的,还是一种巧合呢? 要彻底解决这个问题,当然还要通过严格的证明. 不过,目前我们还应该抱怀疑的态度,再检验一下,理由是我们的五个特例既简单又特殊. 为了容易列表,我们的确应该先选择简单而易于验算的特例,但在归纳出公式以后,就需要找一个更复杂更有代表性的例子,再来验证一下公式的正确性. 例如,我们选择图 3 的四边形 $ABCD$,不难看出,对于这个四边形,我们有

$$A = 15, N = 12, L = 8$$

而
$$15 = 12 + \frac{8}{2} - 1$$

这个附加的特例,使我们对于公式(1)的正确性,得到更大的保证. 因此,我们应该进一步考虑怎样去证明这个公式了.

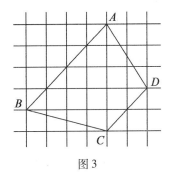

图 3

像寻求公式(1)的时候那样,我们在思索一个公式的证明时,也可以先从比较简单的特殊情形想起. 现在我们就先考虑两边平行于坐标轴的格点矩形 $ABCD$,如图 4 所示. 我们假定这个矩形的长和宽分别是 m 和 n. 容易从图 4 中看出,这时,面积 A、内部格点数 N 和

81

边上格点数 L 分别是

$$\begin{cases} A = mn \\ N = (m-1)(n-1) \\ L = 2(m+1) + 2(n-1) = 2(m+n) \end{cases} \quad (2)$$

(最后一式中, $2(m+1)$ 是上下两边的格点数, $2(n-1)$ 是左右两边除去顶点以外的格点数.) 因此

$$N + \frac{L}{2} - 1 = (m-1)(n-1) + (m+n) - 1$$
$$= mn = A$$

这表明公式(1)对于矩形是成立的.

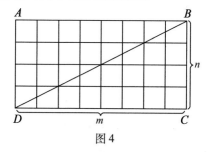

图4

有了矩形作为基础,我们就不难讨论两腰分别和两坐标轴平行的格点直角三角形,例如,图 4 中的 $\triangle BCD$ 或 $\triangle ABD$. 由图形的对称性,容易看出 $\triangle BCD$ 和 $\triangle ABD$ 的面积、内部格点数和边上格点数都是分别相等的.(事实上,如果把矩形 $ABCD$ 绕它的中心(即对角线的交点)旋转 $180°$,那么 $\triangle ABD$ 就和 $\triangle CDB$ 重合,而且格点也都一一重合起来了.)如果用 L_1 表示线段 BD 内部的格点数(即不包含端点的格点数),那么,除去这 L_1 个格点以后,矩形内部的格点就平均分配在 $\triangle BCD$ 和 $\triangle ABD$ 的内部. 又前面已经算出,矩形内部的格点数是 $(m-1)(n-1)$,所以这两个三角形内部

都有

$$N = \frac{(m-1)(n-1) - L_1}{2}$$

个格点. 又容易看出, 这两个三角形边上的格点数都是

$$L = m + 1 + n + L_1$$

而面积显然都是

$$A = \frac{mn}{2}$$

因此

$$N + \frac{L}{2} = \frac{(m-1)(n-1) - L_1}{2} + \frac{m+n+1+L_1}{2}$$

$$= \frac{mn}{2} + 1 = A + 1$$

这表明公式(1)对于两腰平行于坐标轴的格点直角三角形是正确的.

现在我们进一步讨论一般的格点三角形.

$\triangle ABC$ 是一个格点三角形, 如图 5 所示, 方格纸上通过三顶点的直线围成一个矩形 $ALMN$. $\triangle ALB$, $\triangle BMC$, $\triangle CNA$ 都是直角三角形, 因此都满足公式 (1). 现把图中四个三角形的面积、内部格点数和边上格点数分别用不同的记号表示出来, 列成表2.

表 2

三角形	面积	内部格点数	边上格点数
$\triangle ABC$	A	N	L
$\triangle ALB$	A_1	N_1	L_1
$\triangle BMC$	A_2	N_2	L_2
$\triangle CNA$	A_3	N_3	L_3

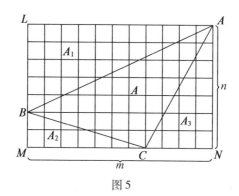

图 5

利用前面所得到的关于矩形面积和格点的公式（2），容易由图 5 看出

$$\begin{cases} A + A_1 + A_2 + A_3 = mn \\ N + N_1 + N_2 + N_3 + L - 3 = (m-1)(n-1) \quad (3) \\ L + L_1 + L_2 + L_3 - 2L = 2(m+n) \end{cases}$$

对于最后一行，还需要解释一下. 显然 $\triangle ABC$ 边上每一个格点也是相邻三角形边上的一个格点，因此，每一个这样的格点恰好在 $L_1 + L_2 + L_3$ 中计算了一次. 又 A，B，C 三点都在 $L_1 + L_2 + L_3$ 中计算了两次，所以

$$L + L_1 + L_2 + L_3 - 2L = L_1 + L_2 + L_3 - L$$

实际上就是矩形边界上的格点数，因此，它等于 $2(m+n)$.

顺次用 1，-1，$-\dfrac{1}{2}$ 乘公式（3）中的三个式子，然后相加，就得到

$$A - \left(N + \frac{1}{2}L\right) + \left[A_1 - \left(N_1 + \frac{1}{2}L_1\right)\right] +$$

$$\left[A_2 - \left(N_2 + \frac{1}{2}L_2\right)\right] + \left[A_3 - \left(N_3 + \frac{1}{2}L_3\right)\right] + 3$$

$$= -1$$

84

但是,我们已经知道公式(1)对于直角三角形是成立的,因此,上式中有方括号的各项都等于 -1. 所以由上式得

$$A - \left(N + \frac{1}{2}L\right) = -1$$

这表明对于格点三角形,公式(1)是正确的.

最后,讨论一般的格点多边形 $A_1A_2\cdots A_n$,如图 6 所示. 我们可以用数学归纳法. 当 $n=3$ 时,公式已经证明. 现假定公式对于 $n-1$ 边形成立,要证明公式对于 n 边形也成立. 联结 $A_{n-1}A_1$,我们就把这个 n 边形分成一个格点三角形和一个 $n-1$ 边格点多边形. 用

$$A_1, A_2, A$$
$$N_1, N_2, N$$
$$L_1, L_2, L$$

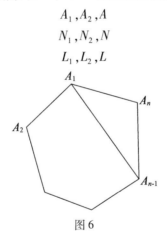

图 6

分别表示这个三角形、$n-1$ 边形和原来的 n 边形的面积、内部格点数和边上格点数,我们就得到

$$A = A_1 + A_2$$
$$N = N_1 + N_2 + L_0 - 2$$
$$L = L_1 + L_2 - 2L_0 + 2$$

其中 L_0 表示 A_1A_{n-1} 上的格点数(包含 A_1,A_{n-1} 两点).

因此,根据归纳法的假设

$$N + \frac{L}{2} = \left(N_1 + \frac{L_1}{2}\right) + \left(N_2 + \frac{L_2}{2}\right) - 1$$

$$= A_1 + 1 + A_2 + 1 - 1 = A + 1$$

这就证明了公式(1)对于 n 边形也成立.

空间格点三角形的面积

在平面直角坐标系中,一个格点三角形如果形内(内部及边上)没有其他格点,那么它的面积一定是 $\frac{1}{2}$. 这是熟知的结论,可见 [16][17].

在三维空间的直角坐标系中,一个格点三角形如果形内没有其他格点,它的面积可以取哪些值呢?

显然这个值不一定是 $\frac{1}{2}$. 例如,在单位立方体 $OABC\text{-}DEFG$ 中,取 $O(0,0,0)$,$A(1,0,0)$,$C(0,1,0)$,$\triangle OAC$ 的面积是 $\frac{1}{2}$;取 O,$B(1,1,0)$,$D(0,0,1)$,$\triangle OBD$ 的面积是 $\frac{\sqrt{2}}{2}$;取 O,$E(1,0,1)$,$G(0,1,1)$,

$\triangle OEG$ 的面积是 $\dfrac{\sqrt{3}}{2}$.

本章的结论是:如果空间格点三角形内没有其他格点,那么它的面积是 $\dfrac{\sqrt{n}}{2}$. 正整数 n 可取一切除以 4 余 1,2 或者除以 8 余 3 的数.

这一结论将在以下证明.

可设格点三角形为 $\triangle OAB$,$O(0,0,0)$,$A(a_1,a_2,a_3)$,$B(b_1,b_2,b_3)$. 它的面积是

$$\frac{1}{2}|\overrightarrow{OA}\times\overrightarrow{OB}|$$

$$=\frac{1}{2}\sqrt{(a_1b_2-b_1a_2)^2+(a_2b_3-b_2a_3)^2+(a_3b_1-b_3a_1)^2}$$

$$=\frac{\sqrt{n}}{2}$$

其中 $n=(a_1b_2-b_1a_2)^2+(a_2b_3-b_2a_3)^2+(a_3b_1-b_3a_1)^2$ 是三个平方数的和. 因此 $n\not\equiv 7(\bmod 8)$.

如果 n 被 4 整除,那么由于平方数除以 4 余 0 或 1,所以 $a_1b_2-b_1a_2$,$a_2b_3-b_2a_3$,$a_3b_1-b_3a_1$ 都是偶数.

当 a_1,a_2,a_3,b_1,b_2,b_3 都是奇数时,AB 的中点 $M\left(\dfrac{a_1+b_1}{2},\dfrac{a_2+b_2}{2},\dfrac{a_3+b_3}{2}\right)$ 是格点. 因此,设 a_1 为偶数,又设 a_3 为奇数(a_2,a_3 都是偶数时,OA 的中点是格点). 这时,b_1 是偶数,而 b_2,b_3 中至少有一个是奇数,于是有两种情况:

(1)a_2,b_2 是偶数,b_3 是奇数. 这时 AB 的中点 M 是格点;

(2)a_2,b_2,b_3 都是奇数. 这时 M 仍是格点.

因此 n 不被 4 整除.

类似地,可以证明对任意奇质数 p,$a_1b_2 - b_1a_2$,$a_2b_3 - b_2a_3$,$a_3b_1 - b_3a_1$ 不能都被 p 整除,否则,设它们都被 p 整除.

如果 a_1 被 p 整除,那么可设 a_3 不被 p 整除(a_2,a_3 都被 p 整除时,OA 上的 p 等分点 $\left(\dfrac{a_1}{p},\dfrac{a_2}{p},\dfrac{a_3}{p}\right)$ 是格点),于是 b_1 被 p 整除,b_2,b_3 中至少有一个不被 p 整除.

(1)b_2 被 p 整除,b_3 不被 p 整除,a_2 被 p 整除. 这时有整数 s,$0 < s < p$,满足

$$sa_3 \equiv -b_3 (\bmod\ p) \tag{1}$$

$\triangle OAB$ 内的点 $N\left(\dfrac{sa_1}{p}+\dfrac{b_1}{p},\dfrac{sa_2}{p}+\dfrac{b_2}{p},\dfrac{sa_3}{p}+\dfrac{b_3}{p}\right)$ 是格点.

(2)b_2,b_3,a_2 都不被 p 整除. 这时仍有上述 s 使式(1)成立. 在式(1)的两边同乘 b_2,再将 a_3b_2 换成 a_2b_3,然后在两边约去 b_3 得

$$sa_2 \equiv -b_2 (\bmod\ p) \tag{2}$$

上述点 N 仍是格点.

如果 a_1,a_2,a_3,b_1,b_2,b_3 都不被 p 整除,那么有上述整数 s 使式(1)成立,并且也使式(2)与

$$sa_1 \equiv -b_1 (\bmod\ p) \tag{3}$$

成立,从而上述点 N 是格点.

因此,对于格点面积公式中的 n,方程

$$x^2 + y^2 + z^2 = n \tag{4}$$

不但必须有解,而且解应当是本原的,即最大公约数必须为

$$(x,y,z) = 1 \tag{5}$$

换句话说,设 $(x,y) = a$,即 $x = ak$,$y = ah$,$(k,h) = 1$,则 $(a,z) = 1$.

另一方面,对于上述整数 a,k,h,z,一定在一个格点三角形的面积公式中

$$n = a^2h^2 + a^2k^2 + z^2, (k,h) = (a,z) = 1$$

这只要取 A 为 $(h,k,0)$, B 为 (zs,zt,a),其中整数 s,t 满足

$$th - sk = 1 \qquad (6)$$

这时 $\triangle OAB$ 的面积显然是

$$\frac{1}{2}\sqrt{a^2h^2 + a^2k^2 + z^2}$$

我们证明 $\triangle OAB$ 内没有其他格点. 若不然,则有非负整数 $\mu,\nu,0 \le \mu + \nu \le 1$,使得点 $C(\mu h + \nu zs, \mu k + \nu zt, \nu a)$ 是格点,即

$$\mu h + \nu zs \equiv 0 (\bmod 1) \qquad (7)$$
$$\mu k + \nu zt \equiv 0 (\bmod 1) \qquad (8)$$
$$\nu a \equiv 0 (\bmod 1) \qquad (9)$$

于是

$$t(\mu h + \nu zs) - s(\mu k + \nu zt) = \mu \equiv 0 (\bmod 1)$$

从而

$$\mu = 0 \qquad (10)$$

(当 $\mu = 1$ 时, $\nu = 0$, C 即为 A)式(7)(8)成为

$$\nu zs \equiv 0 (\bmod 1) \qquad (11)$$
$$\nu zt \equiv 0 (\bmod 1) \qquad (12)$$

$h \times (12) - k \times (11)$ 得

$$\nu z \equiv 0 (\bmod 1) \qquad (13)$$

由于 a,z 互质,有整数 q,r,使 $qa + rz = 1$, $q \times (9) + r \times (13)$ 得

$$\nu \equiv 0 (\bmod 1)$$

于是 $\nu = 0$ 或 1, C 即为点 O 或点 B.

因此,要证明前面的结论,只要证明 n 除以 4 余 1,2 或除以 8 余 3 时,方程(4)有本原解.

当 n 除以 4 余 1,2 或除以 8 余 3 时,方程
$$x^2 + y^2 + z^2 = n$$
有整数解. 这是熟知的结论(见[18]). 但方程(4)一定有本原解的结论与证明,在目前的文献中并没有见到. 为了证明这件事,需要二次型的知识,并且需要仔细回顾方程(4)有解的证明(例如见[19][20]).

证明方程(4)有解,关键是设法找一个整系数的三元二次型
$$f(x,y,z) = a_{11}x^2 + a_{22}y^2 + a_{33}z^2 + 2a_{12}xy + 2a_{13}xz + 2a_{23}yz$$
$$(14)$$
希望它具有两条性质:

(1) f 可以表示 n,也就是说有整数 x_0, y_0, z_0,使得
$$f(x_0, y_0, z_0) = n \qquad (15)$$

(2) f 与 $x^2 + y^2 + z^2$ 等价,即有线性变换
$$x' = Ax + By + Cz$$
$$y' = Dx + Ey + Fz \qquad (16)$$
$$z' = Gx + Hy + Iz$$
其中系数都是整数,而且行列式
$$\begin{vmatrix} A & D & G \\ B & E & H \\ C & F & I \end{vmatrix} = 1 \qquad (17)$$
使得
$$f(x', y', z') = x^2 + y^2 + z^2 \qquad (18)$$
对这样的 f,由式(16)的逆变换
$$x = A'x' + B'y' + C'z'$$
$$y = D'x' + E'y' + F'z' \qquad (19)$$
$$z = G'x' + H'y' + I'z'$$

Pick 定理

（其中系数都是整数）得出有整数

$$x_1 = A'x_0 + B'y_0 + C'z_0$$
$$y_1 = D'x_0 + E'y_0 + F'z_0 \tag{20}$$
$$z_1 = G'x_0 + H'y_0 + I'z_0$$

从而

$$x_1^2 + y_1^2 + z_1^2 = f(x_0, y_0, z_0) = n \tag{21}$$

二次型 $f(x,y,z)$ 也可以利用矩阵，写成

$$f(x,y,z) = (x,y,z)\,\boldsymbol{P} \begin{pmatrix} x \\ y \\ z \end{pmatrix} \tag{22}$$

其中对称矩阵

$$\boldsymbol{P} = \begin{pmatrix} a_{11} & a_{12} & a_{13} \\ a_{12} & a_{22} & a_{23} \\ a_{13} & a_{23} & a_{33} \end{pmatrix} \tag{23}$$

矩阵 $\boldsymbol{P}$ 的行列式称为二次型 f 的判别式，线性变换式（16）也可以写成

$$\begin{pmatrix} x' \\ y' \\ z' \end{pmatrix} = \boldsymbol{Q} \begin{pmatrix} x \\ y \\ z \end{pmatrix} \tag{24}$$

其中矩阵

$$\boldsymbol{Q} = \begin{pmatrix} A & B & C \\ D & E & F \\ G & H & I \end{pmatrix} \tag{25}$$

的行列式

$$|\boldsymbol{Q}| = 1 \tag{26}$$

这样的 $\boldsymbol{Q}$ 当然有逆矩阵，而且 $\boldsymbol{Q}^{-1}$ 是整数矩阵

$$\begin{pmatrix} x \\ y \\ z \end{pmatrix} = \boldsymbol{Q}^{-1} \begin{pmatrix} x' \\ y' \\ z' \end{pmatrix} \tag{27}$$

如果对任意的不全为零的实数 x,y,z,均有 $f(x,y,z) > 0$,我们就说二次型 f 是正定的. 这就是说矩阵 $\boldsymbol{P}$ 为正定的,其充分必要条件是

$$a_{11} > 0, \quad \begin{vmatrix} a_{11} & a_{12} \\ a_{12} & a_{22} \end{vmatrix} > 0, \quad \begin{vmatrix} a_{11} & a_{12} & a_{13} \\ a_{12} & a_{22} & a_{23} \\ a_{13} & a_{23} & a_{33} \end{vmatrix} > 0 \tag{28}$$

在 [19] 中有一条定理:

每个正定的、判别式为 1 的三元二次型等价于 $x^2 + y^2 + z^2$.

这个定理的证明可以直接参看 [19]. 为完整起见,我们在后面给出一个证明.

利用这个定理及下面的引理,不难得到我们的结论.

引理　设 $n > 1$,如果 d 为正整数, $-d(\bmod\ dn-1)$ 为平方剩余,即有整数 m 满足

$$m^2 \equiv -d(\bmod\ dn-1) \tag{29}$$

那么 n 可以表示为三个平方的和,即有整数 x,y,z 满足

$$x^2 + y^2 + z^2 = n$$

而且最大公约数 $(x,y,z) = 1$.

证明　令 $k = dn - 1$,由式 (29),有整数 h 使得

$$m^2 + d = kh$$

矩阵

Pick 定理

$$P = \begin{pmatrix} h & m & 1 \\ m & k & 0 \\ 1 & 0 & n \end{pmatrix}$$

是正定的,因为

$$\begin{vmatrix} h & m \\ m & k \end{vmatrix} = hk - m^2 = d > 0$$

而且行列式

$$|P| = n(hk - m^2) - 1 \times k \times 1 = nd - k = 1$$

所以根据上述定理,二次型

$$f(x, y, z) = (x, y, z) P \begin{pmatrix} x \\ y \\ z \end{pmatrix}$$

等价于 $x^2 + y^2 + z^2$.

又 $f(0, 0, 1) = n$,所以有整数 x, y, z,使得

$$\begin{pmatrix} x \\ y \\ z \end{pmatrix} = Q^{-1} \begin{pmatrix} 0 \\ 0 \\ 1 \end{pmatrix}$$

满足 $\qquad x^2 + y^2 + z^2 = n$

列向量 $(x, y, z)'$ 就是矩阵 Q^{-1} 的第三列. Q, Q^{-1} 都是行列式为 1 的矩阵,所以每一列的三个数,最大公约数为 1,即最大公约数 $(x, y, z) = 1$.

引理证毕.

当 $n = 4k + 2$ 时,等差数列 $4in + n - 1 (i = 1, 2, \cdots)$ 的首项 $n - 1$ 与公差 $4n$ 互质,由迪利克雷定理知,存在正整数 j,使得 $4nj + n - 1 = p$ 为质数. 令 $d = 4j + 1$,对 d 的每个质因数 q,有

$$p = 4jn + n - 1 = dn - 1 \equiv -1 (\mathrm{mod}\, d) \equiv -1 (\mathrm{mod}\, q)$$

由互反律

94

$$\left(\frac{q}{p}\right) = (-1)^{\frac{p-1}{2} \cdot \frac{q-1}{2}} \left(\frac{p}{q}\right)$$

$$= (-1)^{\frac{p-1}{2} \cdot \frac{q-1}{2} + \frac{q-1}{2}}$$

$$= (-1)^{\frac{q-1}{2}}$$

$$\left(-\frac{d}{p}\right) = (-1)^{\frac{p-1}{2}} \left(\frac{d}{p}\right)$$

$$= \prod \left(\frac{q}{p}\right)$$

$$= \prod (-1) = 1$$

其中符号"$\prod$"是对 d 的出现重数为奇数的质因数求积. 其中质因数 $q \equiv 1 (\bmod\ 4)$ 对积的贡献为 1, $q \equiv -1 (\bmod\ 4)$ 对积的贡献为 -1. 但 $d \equiv 1 (\bmod\ 4)$, 所以 -1 的个数是偶数, 积为 1. 因此 $-d (\bmod\ dn-1)$ 是平方剩余.

当 $n = 4k+1$ 时, 类似地, 取质数 $p = 4jn + \dfrac{3n-1}{2}$, 并令 $d = 8j+3$, 则 $2p = dn-1$.

当 $n = 8k+3$ 时, 取质数 $p = 4jn + \dfrac{n-1}{2}$, 并令 $d = 8j+1$, 则 $2p = dn-1$.

同样, 计算雅可比符号可知, $-d (\bmod\ p)$ 是平方剩余, 所以 $-d (\bmod\ 2p)$ 是平方剩余.

因此, 由上面的引理及定理知, 关于空间格点三角形面积的结论成立.

现在我们证明前面引用的定理(这个定理在 [19] 中也有, 只是符号与表述略有不同), 并介绍一些关于二次型的知识,这里所有字母表示的数均是整数.

先考虑二元二次型

$$f(x,y) = ax^2 + 2bxy + cy^2 = (x,y)\begin{pmatrix} a & b \\ b & c \end{pmatrix}\begin{pmatrix} x \\ y \end{pmatrix}$$

很多书上,xy 的系数用 b 而不用 $2b$. 两者在本质上没有多少差别,我们用 $2b$ 可避免出现分数,这种情况对我们的证明已经足够了.

对整数 n,如果有 x_0, y_0,使得 $f(x_0, y_0) = n$,就说 f 可以表示 n.

如果有线性变换

$$\begin{pmatrix} x' \\ y' \end{pmatrix} = \begin{pmatrix} A & B \\ C & D \end{pmatrix}\begin{pmatrix} x \\ y \end{pmatrix} = \boldsymbol{Q}\begin{pmatrix} x \\ y \end{pmatrix}, |\boldsymbol{Q}| = \begin{vmatrix} A & B \\ C & D \end{vmatrix} = 1$$

使得

$$f(x',y') = (x',y')\boldsymbol{P}\begin{pmatrix} x' \\ y' \end{pmatrix} = (x,y)\boldsymbol{Q}'\boldsymbol{P}\boldsymbol{Q}\begin{pmatrix} x \\ y \end{pmatrix} = g(x,y)$$

就说 f 与 g 等价. 显然这种等价关系具有对称性、反身性、传递性,因此二次型可以按照等价关系分类. 如果 f 可以表示 n,那么与 f 等价的 g 也可以表示 n.

行列式 $|\boldsymbol{P}| = ac - b^2$,称为 f 的判别式. 由于 $|\boldsymbol{Q}| = 1$,所以

$$|\boldsymbol{Q}'\boldsymbol{P}\boldsymbol{Q}| = |\boldsymbol{P}|$$

即等价的二次型判别式相等.

如果对不全为零的 x, y,恒有 $f > 0$,就说 f 是正定的. 显然 f 正定时,它的矩阵 $\boldsymbol{P}$ 是正定的,即 $a > 0$,而且判别式 $ac - b^2 > 0$.

关于二元二次型,我们有以下定理.

定理 1 如果 f 表示的正整数中,a 为最小,那么

96

有一个与 f 等价的二次型 g，$g(1,0)=a$.

证明　设 $f(x_0,y_0)=a$，则最大公约数 (x_0,y_0) 的平方整除 a，即

$$f\left(\frac{x_0}{(x_0,y_0)},\frac{y_0}{(x_0,y_0)}\right)=\frac{a}{(x_0,y_0)^2}$$

因为 a 为最小，所以最大公约数 $(x_0,y_0)=1$. 于是有 s，t，使得

$$sx_0+ty_0=1$$

$$\begin{pmatrix} x_0 & -t \\ y_0 & s \end{pmatrix}\begin{pmatrix} 1 \\ 0 \end{pmatrix}=\begin{pmatrix} x_0 \\ y_0 \end{pmatrix}$$

即令 $g(x,y)=f(x_0x-ty,y_0x+sy)$，则 $g(1,0)=f(x_0,y_0)=a$.

定理 2　每个正定的二元二次型 f 均可以等价于一个标准型 $ax^2+2bxy+cy^2$，其中

$$2|b|\leqslant a\leqslant c \tag{30}$$

证明　设 a 为 f 表示的最小的正整数，则由定理 1 知，存在与 f 等价的 g，$g(1,0)=1$. 于是

$$g(x,y)=ax^2+2bxy+cy^2$$

a 也是 g 表示的最小的正整数，所以 $a\leqslant g(0,1)=c$.

如果 $2|b|\leqslant a$，那么不等式 (30) 已经成立. 如果 $2|b|>a$，那么作带余除法

$$b=a\cdot q+r,0\leqslant r<a \tag{31}$$

当 $2r>a$ 时，将式 (31) 改写成

$$b=a\cdot(q+1)+(r-a)$$

这时

$$2|r-a|=2(a-r)=a-(2r-a)<a$$

因此总可以设

$$b = a \cdot q + r, 2|r| \leqslant a \qquad (32)$$

二次型

$$h(x,y) = g(x - qy, y)$$
$$= ax^2 + 2(b - qa)xy + (c + aq^2)y^2$$

与 f 等价,而且系数满足定理要求.

定理 3 设二元二次型 f 的判别式为 d,则在定理 2 所说的标准型中

$$a \leqslant 2\sqrt{\frac{d}{3}} \qquad (33)$$

特别地,当 $d = 1$ 时,f 与 $x^2 + y^2$ 等价.

证明 $a^2 \leqslant ac = d + b^2 \leqslant d + \dfrac{a^2}{4}$,所以不等式(33)成立. 当 $d = 1$ 时,$a = 1, b = 0, c = 1$,所以 f 与 $x^2 + y^2$ 等价.

从定理 3 可知,当判别式 d 固定时,二元二次型的等价类个数有限. 二元二次型的类数是一个重大问题.

三元二次型的等价、正定、判别式、表示整数等均与二元二次型类似,不必重复.

与定理 1 类似的有:

定理 4 如果三元二次型 f 表示的正整数中,a 为最小,那么有一个与 f 等价的二次型 g,$g(1,0,0) = a$.

证明 设 $f(x_0, y_0, z_0) = a$,则同样有最大公约数 $(x_0, y_0, z_0) = 1$,因此要证明定理 4,只需要证明下面的定理 5.

定理 5 设最大公约数 $(x_0, y_0, z_0) = 1$,则有一个第一列为 $(x_0, y_0, z_0)'$ 的矩阵,行列式为 1.

证明 设最大公约数 $(y_0, z_0) = D$,则有 s, t 满足 $sy_0 + tz_0 = D$. 最大公约数 $(x_0, D) = 1$,所以有 A, B

满足 $Ax_0 + BD = 1$. 记 $y_0 = Dy_1$，$z_0 = Dz_1$，则

$$\begin{pmatrix} 1 & 0 & 0 \\ 0 & y_1 & -t \\ 0 & z_1 & s \end{pmatrix}\begin{pmatrix} x_0 & -B & 0 \\ D & A & 0 \\ 0 & 0 & 1 \end{pmatrix}\begin{pmatrix} 1 \\ 0 \\ 0 \end{pmatrix} = \begin{pmatrix} 1 & 0 & 0 \\ 0 & y_1 & -t \\ 0 & z_1 & s \end{pmatrix}\begin{pmatrix} x_0 \\ D \\ 0 \end{pmatrix} = \begin{pmatrix} x_0 \\ y_0 \\ z_0 \end{pmatrix}$$

并且矩阵

$$\begin{pmatrix} x_0 & -B & 0 \\ y_0 & y_1 A & -t \\ z_0 & z_1 A & s \end{pmatrix} = \begin{pmatrix} 1 & 0 & 0 \\ 0 & y_1 & -t \\ 0 & z_1 & s \end{pmatrix}\begin{pmatrix} x_0 & -B & 0 \\ D & A & 0 \\ 0 & 0 & 1 \end{pmatrix}$$

的行列式为 1.

设

$$f(x,y,z) = ax^2 + 2bxy + 2cxz + a_{22}y^2 + 2a_{23}yz + a_{33}z^2 \tag{34}$$

是正定的二次型，判别式 d，a 是 f 所取的正整数值中最小的. 令

$$\begin{aligned} af &= (ax + by + cz)^2 + a'_{22}y^2 + a'_{33}z^2 + 2a'_{23}yz \\ &= (ax + by + cz)^2 + h(y,z) \end{aligned} \tag{35}$$

作行列式为 1 的线性变换

$$\begin{pmatrix} y \\ z \end{pmatrix} = \boldsymbol{Q}\begin{pmatrix} y' \\ z' \end{pmatrix} \tag{36}$$

使得 $h(y,z)$ 中，y^2 的系数是 $h(y,z)$ 所取正整数值中最小的. 为不使记号烦琐，不妨认为式（35）中的 y,z 已经过上述变换，a'_{22} 就是 $h(y,z)$ 所取正整数值中最小的.

再用定理 2 中的方法得到 q_1,q_2，使得

$$b = a \cdot q_1 + r_1, 2|r_1| \leqslant a$$
$$c = a \cdot q_2 + r_2, 2|r_2| \leqslant a$$

将 x 换成 $x' - q_1 y - q_2 z$，即作变换

$$\begin{pmatrix} x \\ y \\ z \end{pmatrix} = \begin{pmatrix} 1 & -q_1 & -q_2 \\ 0 & 1 & 0 \\ 0 & 0 & 1 \end{pmatrix} \begin{pmatrix} x' \\ y \\ z \end{pmatrix} \tag{37}$$

则 b,c 换成 r_1,r_2. 同样为不使记号烦琐,我们仍然使用
b,c,但这时

$$2|b|,2|c| \leqslant a \tag{38}$$

于是,我们设 (x,y,z) 已经过变换式 $(36)(37)$,而保留
式 (35) 的记号不变. 其中 b,c 满足不等式 (38),a'_{22} 是
$h(x,y)$ 的最小正整数值. 我们对式 (34) 的 (x,y,z) 也
施行上述变换,同样仍保留原来的记号,虽然只有 a 不
变,仍是 f 的最小正整数值,而其他字母表示的数均未
必是原来的数. af 的判别式是 a^3d,所以 h 的判别式是

$$\frac{a^3d}{a^2} = ad$$

由定理 3 知

$$a'_{22} \leqslant 2\sqrt{\frac{ad}{3}} \tag{39}$$

即

$$aa_{22} - b^2 \leqslant 2\sqrt{\frac{ad}{3}} \tag{40}$$

由式 (38) 及 a 的最小性知

$$a^2 - \frac{a^2}{4} \leqslant 2\sqrt{\frac{ad}{3}} \tag{41}$$

于是

$$a \leqslant \frac{4}{3}\sqrt[3]{d} \tag{42}$$

当 $d=1$ 时,$a=1$,$b=c=0$,$a_{22}=1$. 由定理 3 知,$h(y,z)$ 与
y^2+z^2 等价,所以 f 与 $x^2+y^2+z^2$ 等价. 至此定理已证明.

从施瓦兹(Schwarz)到毕克到
阿尔弗斯(Ahlfors)及其他[①②]

第6章

1916 年,毕克在他的一篇论文中,不无挑衅地以如下一段话开始,"所谓的施瓦兹引理称……",接着提到 Carathéodory 1912 年的一篇论文. 追踪这一提示,人们从施瓦兹于 1869～1870 年期间在瑞士苏黎世工艺学校所做的演讲的一个整理笔记中发现了提及施瓦兹引理的原始来源. 演

① 原题:"From Schwarz to Pick to Ahlfors and Beyond",译自:Notices of AMS,1999,46(8):868-873.

② 作者 Robert Osserman 是斯坦福大学荣誉退休数学教授及加州伯克利数学科学研究所(MSRI)的特别项目主任. 本文根据 1997 年 9 月 19～21 日,作者在斯坦福大学举行的纪念阿尔弗斯的研讨会上所做的讲话整理而成.

讲笔记从 1851 年黎曼的博士论文提出黎曼映射定理开始,并指出黎曼的论证并没有给出一个完全严格的证明.演讲的目的是对一类广泛的区域提出第一个完整的证明.黎曼映射定理称:任何一个不是全平面的单连通区域可以一对一且共形地映为单位圆周的内部(在那个时候,平面区域是指由一条简单闭曲线所界定的区域).演讲笔记对一个由封闭凸曲线界定的区域证明了黎曼映射定理.

　　施瓦兹的证明基于他早期对由多边形所界定的区域所做的现在称之为施瓦兹－克里斯托弗(Christoffel)公式的工作.施瓦兹的论文发表于 1869 年.在文章中,他提到,早在 1863～1864 年,当他听魏尔斯特拉斯讲解析函数理论课时,他并不懂得对预先给出的一个平面图形可以共形地映为单位圆这样一种单个的特殊情况.于是他决定从最简单的情形——正方形做起(就在那篇文章中,他证明了著名的对解析函数的"反射原理").他继续给出一个一般公式,提到克里斯托弗曾单独地推导出同一个公式.他同时对魏尔斯特拉斯完成以下证明的细节这一点深信不疑:可以通过选定积分表达式中的任意常数,来给出所要求的对任意多边形的映射.施瓦兹的文章只对四边形的情形成功地给出了证明.

　　一旦有了对多边形的映射,施瓦兹继续利用由多边形界定的区域去逼近一个任意凸域,并证明对应的映射收敛于一个满足所要求性质的极限映射.由于得到的结果被更一般的结果所取代,以致该证明早就被忘掉了,最终导致对整个定理的一个证明.然而,他对于凸域的证明这第一步与最终称之为"施瓦兹引理"

102

的早期提法的描述和证明完全一样.

引理1(施瓦兹引理) 设$f(z)$在圆$D = \{|z| < R_1\}$内解析,并假设在D中,$|f(z)| < R_2$,且$f(0) = 0$. 那么

$$|f(z)| \leqslant \frac{R_2}{R_1}|z|, \text{对}|z| < R_1 \tag{1}$$

同时,普遍地注意到(尽管最初不是由施瓦兹得出)在式(1)中,对每个$z \neq 0$,严格不等式成立,除非f是特殊形式

$$f(z) = \frac{R_2}{R_1}e^{i\alpha}z, \text{对某个实数}\alpha \tag{2}$$

作为一个直接推论,得到:

推论1(刘维尔(Liouville)定理) 全平面中的有界解析函数是常数.

可由固定R_2,且选择R_1为任意大证得.

推论2 如果$R_1 = R_2$,那么

$$|f'(0)| \leqslant 1 \tag{3}$$

一个并不那么明显,但十分基本的推论是:

推论3 如果$R_1 = R_2$,且如果f从边界映射到边界,那么在任意点b,且$|b| = R_1$,$f'(b)$存在,成立

$$|f'(b)| \geqslant 1 \tag{4}$$

由以下事实,证明立即得到,即在映射f之下,到原点的距离是收缩的,因而,到边界的距离是伸展的. 更精确地说,对实数$t, 0 < t < 1$,我们有$|f(tb)| \leqslant t|b|$,使得

$$|f(tb) - f(b)| \geqslant R_1 - tR_1 = |tb - b|$$

由上式得出式(4).

我们将在稍后,回到这个基本洞察的潜在意义上. 尽管在这里我们还没有应用到它,但注意到,对上述证

法的一个精致的改进导致一个更强、更精密的边界等式,即当 $R_1 = R_2 = 1$ 时,如果一个单独边界点 b 映射到边界,且 $f'(b)$ 存在,那么

$$|f'(b)| \geqslant 1 + \frac{1 - |f'(0)|}{1 + |f'(0)|}$$

其证明可以在 [21] 中找到.

施瓦兹引理的标准证明——不是施瓦兹本人原先给出的证明——包含以下步骤:注意到条件 $f(0) = 0$ 蕴涵函数 $g(z) = \dfrac{f(z)}{z}$,在圆 $|z| < R_1$ 中是一个正则解析函数,在每个圆 $|z| \leqslant r$ 中对 $g(z)$ 应用极大值原理,并对 $r \to R_1$ 取极限. 根据 Carathéodory(1952 年出版的《共形表示》一书,P. 114,注记 13)所称,该证明由施瓦兹给出,但由 Carathéodory 于 1905 年首先发表. Carathéodory 同时也提到,早在 1884 年,庞加莱(Poincáre)已经给出一个类似的证明.

上述推论 1,即刘维尔定理,是复函数理论的一个基本结果,有许多重要的推论. 施瓦兹引理对刘维尔定理的关系是通常被人称之为布洛赫(Bloch)原理的一个典型范例. 布洛赫原理的作者安德鲁·布洛赫,也许在三个方面为人们所熟悉:其一是"布洛赫定理",对此我们将在下面加以讨论;其二是"布洛赫原理";其三是上面两项,还有他在精神病医院住院期间所得到的大量有趣的数学结果. 布洛赫在第一次世界大战将结束时,因杀害他的兄弟、姑母和叔父,而被关进精神病院,他曾在前线服役三个月,后来,因为从一个军事观察所上面跌落下来而受到解职(见亨利·嘉当(Henri Cartan)和 Jacquelire Ferrand 1988 年用英文及法文所写的文章).

布洛赫原理,就它本身的价值而论,它启发式的方法技巧,盖过它的结论. 它在本质上说明,不论什么时候,如果有诸如刘维尔定理一样的全局结果,就一定存在更强的有限结果,从中可以推出更一般的结论. 从刘维尔定理推出施瓦兹引理,就是一个绝妙的例子. 布洛赫自己也给出另外一个例子,不需要应用到椭圆模函数或克贝(Koebe)单值化定理,他证明了一个有限的结果,该结果不但蕴涵毕卡(Picard)定理,同时也是毕卡定理的一个简单的"初等证明".

定理 1(布洛赫定理)　存在一个通用的常数 B,$B > 0$,满足如下性质:对每个 $R < B$,每一个函数 $f(z)$,它在单位圆 D 内解析且正规化,使得 $|f'(0)| = 1$,把 D 的某个子域一对一且共形地映为半径为 R 的圆.

使布洛赫定理成立的 B 的最大值称之为布洛赫常数.

我们稍后再谈布洛赫定理和布洛赫常数. 现在还是让我们回到文章开头提到的毕克的论文. 在这篇文章中,毕克得到了一个关键性的有关施瓦兹引理对双曲几何的观察结论,人们可能认为这一结论早先已由克莱因(Klein)或庞加莱得到.

引理 2(施瓦兹 – 毕克引理)　设 $f(z)$ 是把单位圆 D 映入单位圆的全纯映射,那么

$$\hat{\rho}(f(z_1), f(z_2)) \leq \hat{\rho}(z_1, z_2) \tag{5}$$

对所有 $z_1, z_2 \in D$,这里 $\hat{\rho}$ 为 D 中双曲度量下的距离.

为进一步印证,让我们关注这些量的显式. 我们将使用双曲平面中的单位圆模型,在其中,双曲度量由

$$\mathrm{d}\hat{s}^2 = \left(\frac{2}{1 - |z|^2}\right)^2 |\mathrm{d}z|^2 \tag{6}$$

给出,而它的高斯曲率 $\hat{K}$ 满足

$$\hat{K} \equiv -1 \tag{7}$$

由积分式(6)得出

$$\hat{\rho}(0,z) = \log \frac{1+|z|}{1-|z|} = 2\tanh^{-1}|z| \tag{8}$$

毕克所观察到的是可以将 f 与由 D 到 D 的线性分式变换合在一起,令 $z_1 \to 0$ 及 $f(z_1) \to 0$. 这些线性分式变换保持度量(6)不变,因而是双曲平面上的等距变换. 故式(5)约化成

$$\hat{\rho}(0, f(z_2)) \leqslant \hat{\rho}(0, z_2) \tag{9}$$

但由式(8)给出的到原点的双曲距离是欧几里得距离的单调函数,使得当 $R_1 = R_2 = 1$ 时,式(9)等价于式(1). 进而,当且仅当 f 是双曲平面上的距离变换,即 f 是单位圆到它本身的一个线性分式变换时,施瓦兹引理中的等式成立.

施瓦兹 – 毕克引理的一个等价阐述是:每一个由单位圆映入到自身的全纯映射,或者是线性分式映射——因而是非欧几里得等距变换或者是使每一条曲线的双曲长度收缩的压缩映射.

在施瓦兹 – 毕克引理的许多重要推广中,也许其中最有影响的一个应属阿尔弗斯于 1938 年给出的([22]或[23],P. 350-355).

引理 3(施瓦兹 – 毕克 – 阿尔弗斯引理) 设 f 是由单位圆映入到一个装备了黎曼度量 $\mathrm{d}s^2$,且高斯曲率 $K \leqslant -1$ 的黎曼曲面 S 的全纯映射. 那么,D 中任意曲线的双曲长度至少等于它的象的长度,等价地

$$\rho(f(z_1), f(z_2)) \leqslant \hat{\rho}(z_1, z_2) \tag{10}$$

对所有的 $z_1, z_2 \in D$,或处处有

$$\| \, df_z \, \| \leqslant 1 \qquad\qquad (11)$$

这里的范数是对 D 中的双曲度量及对它的象给出的度量取定的, ρ 记为 S 中对该度量的距离.

　　基于一个实函数的拉普拉斯算子在局部极小点处必定是非负的这样的事实, 阿尔弗斯提出了一个既漂亮又初等的证明. 在共形映射 f 之下, 在象曲面 S 上拉回共形度量, 在单位圆上得到一个共形度量, 并将它与原先的双曲度量相比较.

　　1982 年, 当阿尔弗斯出版他的论文集时, 他终于有机会来评价他的早期工作了, 他承认他对施瓦兹引理的推论"比我起初意识到的有更实质性的意义", 同时他又说"如果一点应用都没有, 我的引理可能无足轻重, 也不会出版"([23], P. 341). 在他所给出的应用中, 最引人注目的是对布洛赫定理(上述定理 1)的一个全新的初等证明, 并对布洛赫常数 B 得到一个显式下界, 即 $B \geqslant \dfrac{\sqrt{3}}{4}$. 尽管经过多年的努力, 对于这个下界只是得到微小的改进, 有关这些问题的更详尽的讨论, 可参见文章[24].

　　在 20 世纪的进程中, 整个的研究路线已经把毕克和阿尔弗斯的方法推广到施瓦兹引理, 其中关键的因素是单位圆按双曲度量是完备的(例如, 参见下文的定理 3 和定理 4). 然而, 在过去的十年中, 另一种方法使得我们可以回复到原来的施瓦兹引理, 在这种新方法中, 有一个由有限圆映入有限圆的映射, 下面谈谈这些结果的某些例子.

　　曲面上一个半径为 R 的测地圆, 是一个半径为 R 的欧几里得圆在指数映射之下的微分同胚象, 等价地,

有测地极坐标

$$ds^2 = d\rho^2 + G(\rho,\theta)^2 d\theta^2 \qquad (12)$$

这里 ρ 表示到圆心的距离,且对 $0 < \rho < R$,有

$$G(0,\theta) = 0, \frac{\partial G}{\partial \rho}(0,\theta) = 1, G(\rho,\theta) > 0 \qquad (13)$$

下文,我们将应用如下记号: D_R 记圆 $\{|z| < R\}$, ds^2 是 D_R 中的黎曼度量. 设 f 把 D_R 映入到装备了度量 ds^2 的曲面 S 上的一个以 $f(0)$ 为圆心的测地圆. 那么在

$$\rho(p) = S \qquad (14)$$

上为从 $f(0)$ 到 p 的距离,在

$$\hat{\rho}(z) = D_R \qquad (15)$$

上为从 0 到 z 的距离.

命题 1 设 f 是一个全纯映射,它把圆 $|z| < R_1$ 映入到高斯曲率 $K \leq 0$ 的曲面 S 上一个半径为 R_2 的测地圆. 那么

$$\rho(f(z)) \leq \frac{R_2}{R_1}|z| \qquad (16)$$

对 $|z| < R_1$.

注意,这是原先施瓦兹引理的一个直接推广,而且有完全相同的推论:

推论 1 任何一个将全平面映入到 $K \leq 0$ 的曲面上的测地圆的全纯映射必定是常数.

推论 2 如果 $R_2 \leq R_1$,则 $\| df_0 \| \leq 1$.

推论 3 如果 $R_2 = R_1$,且如果在某个点 z,满足 $|z| = R_1, \rho(f(z)) = R_1$,并且 df_z 存在,则

$$\| df_z \| \geq 1 \qquad (17)$$

注 对 $K > 0$ 推论 1 不真,球极平面投影的逆是

由全平面映为一个测地圆的非常量共形映射,该测地圆由去掉一点的球构成.

命题 2　设 f 是一个全纯映射,f 把 $\{|z| < r < 1\}$ 映入满足高斯曲率 $K \leqslant -1$ 的曲面 S 上的一个中心在 $f(0)$,半径为 ρ_2 的测地圆. 又设 ρ_1 是 $|z| = r$ 的双曲半径,即由式(8)得 $\rho_1 = \log \dfrac{1+r}{1-r}$. 若 $\rho_2 \leqslant \rho_1$,且 $\mathrm{d}\hat{s}$ 是 $|z| < 1$ 上的双曲线度量,那么

$$\rho(f(z)) \leqslant \hat{\rho}(z) \tag{18}$$

对 $|z| < r$.

推论 1　在相同的假设之下

$$\| \mathrm{d}f_0 \| \leqslant 1 \tag{19}$$

推论 2　若进一步,$\rho_2 = \rho_1$,且 f 把边界映到边界,那么在 $|z| = r$ 上使 $\mathrm{d}f_z$ 存在的任意一点 z,有

$$\| \mathrm{d}f_z \| \geqslant 1 \tag{20}$$

注意,在这两个命题中,不像施瓦兹 - 毕克引理及它的衍生结果那样,我们只可以断言,到中心的距离得到压缩.

在讨论一般压缩引理之前,让我们先提一提一些已经得到的有关阿尔弗斯引理的推广.

定理 2　设曲面 $\hat{S}$ 是完备的,其高斯曲率 $\hat{K} \geqslant -1$,并设 f 是由 $\hat{S}$ 映入满足 $K \leqslant -1$ 的曲面 S 的全纯映射. 那么,对 $\hat{S}$ 中所有的点 p,$\| \mathrm{d}f_p \| \leqslant 1$,即 $\hat{S}$ 中每条曲线的长度大于或等于它的象的长度.

定理 3　设 $\hat{S}$ 是完备的,并设 f 全纯地映 $\hat{S}$ 入 S. 假设

$$K(f(p)) \leqslant \hat{K}(p) \tag{21}$$

$$K(f(p)) \leqslant 0 \tag{22}$$

及假设关于 K 及 $\hat{K}$ 的某些进一步限制满足,那么,对 $\hat{S}$ 上所有的点 p, $\| \mathrm{d}f_p \| \leqslant 1$.

对每个定理精确的假设条件可以查阅原文. 在这里,影响最大的是条件(21),它代表由阿尔弗斯开创的探索路线所达到的合乎自然规律的顶点. 基本原理是象区域的曲率负得越多,全纯映射压缩的距离及曲线长度就越大. 注意,我们确实在比较同一区域中的两种度量:原来的度量 $\mathrm{d}\hat{s}^2$ 和在映射 f 下度量 $\mathrm{d}s^2$ 的拉回. 事实上,所有阿尔弗斯型引理都可以被称为两种相关的共形度量之间的比较定理. 且再次地,基本原理是曲率负得越多,曲线按度量的长度就越短.

这一类的结果似乎使人惊讶,但显然地,反过来联想起黎曼几何中标准的比较定理,该定理粗略地讲,曲率负得越多,某些曲线被拉伸得越多,特别地有:

引理 4(黎曼比较定理) 设 $\mathrm{d}s^2$ 和 $\mathrm{d}\hat{s}^2$ 是由测地极坐标给出的形式为 $\mathrm{d}s^2 = \mathrm{d}\rho^2 + G(\rho,\theta)^2\mathrm{d}\theta^2$, $\mathrm{d}\hat{s}^2 = \mathrm{d}\rho^2 + \hat{G}(\rho,\theta)^2\mathrm{d}\theta^2$ 的度量. 如果

$$K(\rho,\theta) \leqslant \hat{K}(\rho,\theta) \tag{23}$$

对 $0 < \rho < \rho_0$,那么

$$\frac{1}{G} \cdot \frac{\partial G}{\partial \rho} \geqslant \frac{1}{\hat{G}} \cdot \frac{\partial \hat{G}}{\partial \rho} \tag{24}$$

且

$$G(\rho,\theta) \geqslant \hat{G}(\rho,\theta) \tag{25}$$

注意到

$$G(\rho_1,\theta) = \frac{\mathrm{d}s}{\mathrm{d}\theta} \tag{26}$$

沿测地圆周 $\rho = \rho_1$ 使得不等式(25)蕴涵

$$L(\rho_1) \geqslant \hat{L}(\rho_1) \tag{27}$$

其中 $0 < \rho_1 < \rho_0$. 这里 $L(\rho)$ 和 $\hat{L}(\rho)$ 称为在半径为 ρ 的测地圆周中按各自度量的长度.

一个显然的问题是,在如同引理3的阿尔弗斯型引理与黎曼比较引理(引理4)之间存在什么样的关系——如果有关系存在的话. 答案是双重的:首先,存在一种基于式(17)和式(20)的启发式论据,它提供了两者之间的一种联系;其次,可以利用黎曼比较引理去证明一个一般的有限压缩引理,它包含上文的命题2作为一个特殊情况,因而提供一种新的途径去证明原先的阿尔弗斯引理.

让我们简略地审视一下关于比较定理的两种形式的启发式论据. 在带有黎曼度量 $\mathrm{d}\hat{s}^2 = \mathrm{d}\hat{\rho}^2 + \hat{G}(\hat{\rho},\theta)^2\mathrm{d}\theta^2$ 的曲面上有半径为 ρ_1 的测地圆 $\hat{D}$,这里,对 $\hat{D}$ 中任意点 $P,\hat{\rho}(P)$ 是点 P 和圆心 O 之间的距离. f 将 $\hat{D}$ 共形地映入到带度量 $\mathrm{d}s^2$ 的曲面 S 上,并假设象落在一个具有相同半径,圆心为 $f(0)$ 的测地圆 D 内. 在适当的曲率限制之下,我们希望证明

$$\rho(f(P)) \leqslant \hat{\rho}(P) \tag{28}$$

对 D 中所有的点 P,这里 $\rho(Q)$ 是 S 上由 $f(0)$ 到 Q 的距离.

我们引入测地极坐标 $\mathrm{d}s^2 = \mathrm{d}\rho^2 + G(\rho,\theta)^2\mathrm{d}\theta^2$ 在象点上,满足 $0 \leqslant \rho \leqslant \rho_1$,且 $0 \leqslant \theta \leqslant 2\pi$. 同时,我们假设当 $\rho = \hat{\rho}$ 时曲率关系为

$$K(\rho,\theta) \leqslant \hat{K}(\hat{\rho},\theta) \tag{29}$$

即是说,对每个固定的 θ,象测地圆的曲率至多等于原

象关于到中心的相同距离的曲率. 那么, 对不等式 (28), 我们所要证明的是, 对 $c < \rho_1$, 每一个测地圆 $\hat{\rho} < c$ 映入象中的测地圆 $\rho < c$. 耐人寻味的是, 当 f 将 $\hat{D}$ 映为全圆 D 时, 一些内圆的象可能放到最大. 因此, 假设 f 是这样的映射, f 把边界 $\hat{\rho} = \rho_1$ 映成边界 $\rho = \rho_1$, 并进一步假设在一个稍大一点的圆 $\hat{\rho} < \rho_0$ 中, f 是确定且共形的, 那么, 黎曼比较定理适用. 不等式 (27) 成立表明, 从全局上, 映射 f 把长度为 $\hat{L}(\rho_1)$ 的测地圆周 $\hat{\rho} = \rho_1$ 映为长度大于或等于 $L(\rho_1)$ 的测地圆周; 局部地, 由式 (26), 不等式 (25) 表明, 在一个涉及带相同角坐标 θ 的点, 把 $\hat{\rho} = \rho_1$ 映射到 $\rho = \rho_1$ 的映射之下, 成立

$$\frac{\mathrm{d}s}{\mathrm{d}\hat{s}} \geqslant 1 \qquad (30)$$

然而, 一般地, f 并不使 θ 保持不变, 因而不等式 (27) 只表明不等式 (30) 大体上成立, 其中 s 和 $\hat{s}$ 代表在映射之下, 沿圆周 $\rho = \rho_1$ 和 $\hat{\rho} = \rho_1$ 的弧长. 最后一个启发式假设是在映射 f 之下, 不等式沿整条曲线 $\rho = \rho_1$ 成立. 于是, f 的共形性蕴涵相同的不等式在径向上也成立, 因此, 沿 $\hat{D}$ 的每条径向射线 $\theta = \theta_0$, 有

$$\left. \frac{\mathrm{d}\rho}{\mathrm{d}\hat{\rho}} \right|_{\hat{\rho} = \rho_1} \geqslant 1 \qquad (31)$$

这里 $\rho(\hat{\rho})$ 是一个函数, 它在 $\hat{D}$ 中坐标为 $(\hat{\rho}, \theta_0)$ 的点 P 处, 其值为 $\rho(f(P))$. 现在假设在不等式 (31) 中我们有严格不等式成立, 使得在 $\hat{D}$ 中靠近边界 $\hat{\rho} = \rho_1$ 的点, 从 D 的边界 $\rho = \rho_1$ 逐渐移开, 因而一步步移动靠近 D 的中心, 那么不等式 (28) 成立. 事实上, 对靠近 $\hat{D}$ 的边界的某个圆环区域的点 P, 严格不等式成立. 接着, 我

们回到 $\hat{D}$ 内半径较小的圆的原来的情况,且我们可以期望推广得到像不等式(28)一样的压缩不等式.

简而言之,富于启发式的联系是,一个如同不等式(29)一样的关于高斯曲率的等式蕴涵由边界 $\hat{\rho} = \rho_1$ 到 $\rho = \rho_1$ 的扩张,由 f 的共形性知,它蕴涵由边界出发的径向扩张,或者点向中心的移动,因而是一种按不等式(28)意义的压缩.

我们还未能把这一启发式的论据转化为在不等式(28)的完全普遍性之下的一个完全的证明,但我们已经有可能对一类非常广泛的度量得出结果,包括命题1 和命题2 中的度量,即对所有具有圆对称性的度量 $\mathrm{d}\hat{s}^2$.

定理 4(一般有限压缩引理)　设 $\hat{D}$ 是一个关于度量 $\mathrm{d}\hat{s}^2$,半径为 ρ_1 的测地圆,假设 $\mathrm{d}\hat{s}^2$ 是圆对称的,使得

$$\mathrm{d}\hat{s}^2 = \mathrm{d}\hat{\rho}^2 + \hat{G}(\hat{\rho})^2 \mathrm{d}\,\hat{\theta}^2 \tag{32}$$

对 $0 \leqslant \hat{\rho} < \rho_1$,这里 $\hat{G}$ 仅依赖于 $\hat{\rho}$,不依赖于 θ. 设 f 是一个把 $\hat{D}$ 映入曲面 S 上半径为 ρ_2 的测地圆 D 的全纯映射,f 把 $\hat{D}$ 的中心映成 D 的中心. 如果 $\rho_2 \leqslant \rho_1$ 且对 $\rho = \hat{\rho}, K(\rho,\theta) \leqslant \hat{K}(\hat{\rho})$,那么对 $\hat{D}$ 中所有的点 P,有

$$\rho(f(P)) \leqslant \hat{\rho}(P) \tag{33}$$

详细证明参见[25].

关于这一结果有几点附注需要说明.

第一,如所指出的,由于 $\rho_2 \leqslant \rho_1$ 的假设,它并没有直接包括上文命题1 的完全形式. 然而,证明得出一个更一般的阐述([25]中定理2),而不需要该项假设. 于是,命题1 作为一个特殊情况出现.

第二,上面定理 3 所阐述的结果代表了长达一个世纪的探索历程的合乎自然规律的顶点. 这个历程以 Carathédory 于 1905 年出版的,现在称之为施瓦兹引理的论文为开端,通过毕克的阐释,以及由阿尔弗斯和丘成桐相继的推广,得出一个总体的基本原理:一个由一个曲面映入另一个曲面的全纯映射,象曲面的曲率负得越多,收缩的距离就越大. 在此之前得出的早期结果要求映射区域的曲率必须有一个一致下界,该下界控制了象点的一个完全上界. 而定理 3 所证明的是,在适当假设之下,逐点有界就足够了.

通过回归到关于将一个有限圆映入另一个有限圆的映射的最初的施瓦兹型引理,定理 4 在某种意义上完成了这种思想的循环,不同于施瓦兹 – 毕克 – 阿尔弗斯 – 丘成桐 – Troyanov-Ratto-Rigoli-Véron 的提法,所有这些提法均要求对映射区域装备一种完备的黎曼度量. 与此同时,它适用于具有高斯曲率逐点比较的各类映射. 然而,定理 3 中所描述的假设,只在一个给定的全纯映射之下,将每个象点的曲率与它的原象点的曲率进行比较. 定理 4 则将象点的曲率与原区域的曲率,用与某些固定点的可比距离进行比较,与映射无关. 而在诸如原先的阿尔弗斯引理和丘成桐的推广的情况下,因为存在曲率的全局的界,两种类型的比较没有差别.

最后以两点注记来结束本章.

第一,施瓦兹引理可以想象成一棵繁茂大树的主干,向着各个方向繁衍分枝. 在本章中,我们只是追踪其中的一枝,还有许多其他的分枝. 这里只列举两枝:一是,对高维情况的许多推广;二是,1991 年由

A. F. Beardon和 K. Stephenson 证得的对圆装填问题的
"离散型的施瓦兹 – 毕克引理". 1996 年, Z. -H. He 和
O. Schramn 应用该引理, 通过圆装填给出了用色斯顿
(Thurston) 创新方法对黎曼映射定理的一个新的证
明.

　　第二, 本章中我们所追踪的这一特别的分枝, 由于
M. Bonk 和 A. Eremenko[26]公布的一项最新结果而显
得异常繁盛. 我们将他们的主要结果讲述如下:

　　考虑黎曼球的一个三角剖分, 黎曼球由四个其顶
点落在一个内接正四面体的等边三角形构成. 设 f 是
一个共形映射, 它将一个欧几里得等边三角形映为四
个球面三角形中的一个. 通过连续反射, f 可以扩展成
为全平面上的亚纯函数, 全平面的象将是球面上的一
个无穷多叶的黎曼曲面, 它的简单分枝点位于三角剖
分的每个顶点上. 球上的每一个其边界圆经过三角剖
分的三个顶点的圆盘, 都有曲面的无限多个非分枝叶,
展布在圆盘的内部之上. 换言之, 球上的每一个这样的
圆盘, 将是 f 在区域内 (无限多个) 单连通域的一对一
的共形象.

　　Bonk 和 Eremenko 所断言的是, 对球上任意较小
的圆盘, 平面上的每一个亚纯函数具有性质: 它的象包
含一个至少与此圆盘一样大小的非分枝圆盘. 换言之,
上面描述的曲面是极值曲面, 给出了另外一个布洛赫
型常数的精确值, 类似于布洛赫定理 (定理 1) 中的常
数. 进而, 证明他们的结果蕴涵原先的布洛赫定理, 以
及由阿尔弗斯得出的对"五岛定理"的引人瞩目的推
广, 即对于球上任意 5 个约当域, 它们的闭包是不相交
的, 则其中有一个必定由平面上任一个非常数亚纯函

数的象所简单覆盖.

　　Bonk 和 Eremenko 的证明的关键思想是在单位球上的一个分枝黎曼曲面上引入一个度量,这是一个远离分枝点的普通球面度量,在分枝点处有负无穷曲率,把球面看成满足某些复条件的球面三角形的并. 换句话说,证明的思想是"如果三角形足够小,那么,集中于顶点的负曲率控制了扩展至全体三角形的正曲率.这样,从大范围上来讲,曲面就好像它的曲率被一个负曲率由上面界定".

　　就这样,阿尔弗斯关于施瓦兹－毕克引理的最初的洞察和领悟正以最美妙、最出人意料的新方式继续结出丰硕的果实.

美国中学课本中的有关平面格点的内容

第 7 章

§1 格点和有序对

本章标题中"格"这个词暗示着像棚架的一个开网络,而确实这就是它的来源.你可能已听到过由富勒设计的测地线圆屋顶,它大得足以容下一个棒球场.假如这个圆屋顶已经被弄平,那么它的一部分会如图 1 所示.

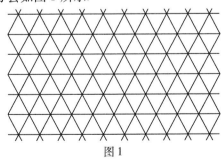

图 1

上图交点的集合给出了一个格. 在本章中我们将利用格来帮助我们更好地理解映射.

我们可以看到,图 1 仿佛是用三角形建立起来的. 假如我们拿掉一组平行线,就会看到三角形被平行四边形所代替,但有相同的格. 这显示在下面的图 2 中.

注意一个格的下述特点.

1. 一个格的点是由两族或两组平行线所确定的,一族中每条直线和另一族中每条直线相交,这意味着所有的直线都在一个平面内.

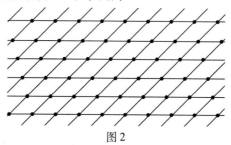

图 2

2. 在每一族中的直线都均匀地被隔开,但是一族直线的间隔不必和另一族直线的间隔相同.

3. 每个格点是在两条直线上,每一条各属于两个直线族之一.

这些特点提示了一个用整数去准确地描述格点位置的方法. 我们从两族直线中各选出一条直线,称其中的一条为 x 轴,而另一条为 y 轴. 然后像给数线指派数那样,我们指派整数给在这些轴上的格点,把零保留给轴的交点,如图 3 所示.

以此为基础,我们能指派一个整数有序对给任意的格点. 我们用在图 3 中标有 P 的点作为例子来说明如何去做. 点 P 位于两条直线之上,其中一条交 x 轴于

一个点,给它指派的整数是 3,另一条直线交 y 轴于一个点,给它指派的整数是 2. 按照这个顺序来取,指派给 P 的整数对是 3,2,我们把它写作 $(3,2)$. 如你所知道的,这里的括号指明的是一个有序对,第一个整数叫作 P 的 x 坐标,第二个整数叫作 P 的 y 坐标,而它们一起叫作 P 的坐标.

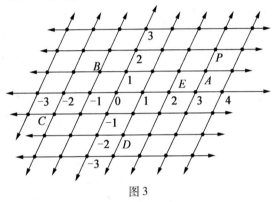

图 3

注意,图 3 中的箭头指明格延伸到整个平面. 由于这个原因,我们需要所有的整数.

一个指派数的有序对给平面中的点的系统叫作一个平面坐标系. 我们描述过的系统——指派整数有序对给在平面中格点的集合. 可以把我们的系统称为一个平面格坐标系.

在平面格坐标系中的整数有序对集合通常称为 $\mathbf{Z} \times \mathbf{Z}$,读作“$\mathbf{Z}$ 叉 $\mathbf{Z}$”. 这里的 $\mathbf{Z}$ 和我们对整数集用过的符号是一样的. 在 $\mathbf{Z} \times \mathbf{Z}$ 中的“$\times$”暗示着有序对.

在下面的这些图中,我们给出了种种格坐标系,研究它们并且看看它们如何不同.

我们已经看到,给出一个格坐标系和格中的一个点,我们能够指派一个整数有序对给这个点. 能把指派逆过来吗? 这就是说,给出一个格坐标系和一个整数有序对,我们能否指派格的一个点给这个有序对? 让我们来看一下. 假定整数对是(-2,-1). 我们先在 x 轴上找一个点,给它指派的整数是 -2,平行于 y 轴且过这个点的直线仅存在一条. 然后我们在 y 轴上找一个点,给它指派的整数是 -1,平行于 x 轴且过这个点的直线仅存在一条. 这两条直线属于不同的平行直线族,因此仅有一个交点,而这就是坐标为(-2,-1)的那个点.

用图 3 中的格坐标系,找坐标是(-2,-1)的点. 在图 4 的格坐标系中,找坐标是(-2,-1)的点. 对于图 5 和图 6 重复做一下.

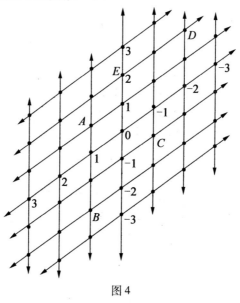

图 4

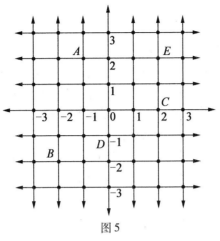

图 5

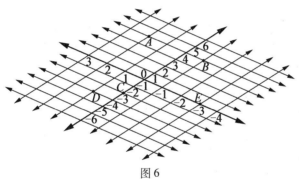

图 6

练　习

1. 求在下述图中标有 A, B, C, D, E 的点的坐标:

(1) 图 3.　　　　　　(2) 图 4.

(3) 图 5.　　　　　　(4) 图 6.

2. 在格坐标系中, 是否有一个格点具有坐标?

(1) (300, 282).　　　　(2) ($-5062, -4$).

121

(3) $(2\frac{1}{2},0)$.

对于下面的练习,你将需要一张格纸(或许你的教师有这种纸),一些有色铅笔和一把尺子.这张格纸至少要有十一行格点和十一列格点.过一行的点画一条直线作为 x 轴,并过一列的点画一条直线作为 y 轴,参考图3.普通的图像纸也可使用.

3. 在格坐标系中找出具有下述坐标的点:

(1) $(3,4)$.   (2) $(-3,4)$.

(3) $(3,-4)$.   (4) $(-3,-4)$.

(5) $(1,0)$.   (6) $(0,1)$.

(7) $(-2,0)$.   (8) $(0,-2)$.

(9) $(-5,6)$.   (10) $(6,-5)$.

4. 在 x 轴上挑选七个连贯的点,使中间那个点有坐标 $(2,0)$,其他六个点的坐标是什么?

5. 在 y 轴上挑选五个连贯的点,使中间那个点有坐标 $(0,-2)$,其他四个点的坐标是什么?

6. 过坐标满足下述条件的点,用有色铅笔画出一条或一些直线.在一组中,对每个条件使用不同的颜色并对每一组使用不同的格纸.

第1组:

(1) 第一个坐标等于第二个坐标.

(2) 第一个坐标是第二个坐标的加法逆元.

第2组:

(1) 点的坐标的和等于5.

(2) 点的坐标的和等于3.

(3) 点的坐标的和等于 -3.

(4) 点的坐标的和等于 -5.

第 3 组:

(1)第一个坐标减第二个坐标等于 2.

(2)第一个坐标减第二个坐标等于 – 1.

第 4 组:

(1)第一个坐标等于 2.

(2)第一个坐标等于 – 2.

(3)第二个坐标等于 4.

(4)第二个坐标等于 – 4.

第 5 组:

(1)坐标的绝对值是相等的.

7. 对于在这个练习中所列的每个条件,在你的图像或格纸上用不同的颜色画出一条封闭曲线使它恰恰包围满足这个条件的那些点. 例如图 7.

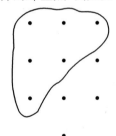

图 7

只包围你的格纸上的这些点,即使不在你的格纸上面有满足条件的点:

(1)第一个坐标小于第二个坐标.

(2)坐标的和大于 5.

(3)第一个坐标大于第二个坐标.

(4)坐标的和小于 – 5.

(5)第一个坐标小于 – 2.

(6) 第一个坐标大于 3.

(7) 第二个坐标小于 - 4.

(8) 第二个坐标大于 3.

§2 **Z × Z** 上的条件和它们的图像

满足 §1 的练习 6 或 7 中条件之一的有序对的集合叫作这个条件的解集. 例如,条件"坐标的和等于 5"的解集将包含

$(0,5),(1,4),(2,3),(3,2),(4,1),(5,0),(6,-1),$
$(7,-2),\cdots,(-1,6),(-2,7),(-3,8),\cdots$

和这些有序对联系着的格点集称为这个解集的图像,或有时称为这个条件的图像. 上面解集的图像用图 8 中圈起来的点表示出来.

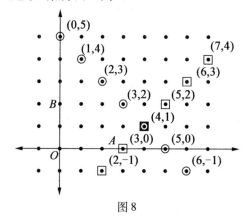

图 8

注意,在图 8 中条件"第一个坐标比第二个坐标大 3"的图像是用把点加方框来显示的(不同条件的图像用

不同颜色包围的方法去显示效果当然是很好的).

　　问题　既用圆又用正方形围起来的是哪个点？4 + 1是等于 5 吗？4 是比 1 大 3 吗？(4,1)是否同时满足这两个条件？

　　数学学习的一部分是学习用数学符号去表达数学思想. 以前我们曾经用"x"去表达第一个坐标，而用"y"去表达第二个坐标.

　　因此"坐标的和等于 5"可以改写为"$x + y = 5$"."第一个坐标比第二个坐标大 3"可以改写为"$x = y + 3$". 假如，我们对同时满足这两个条件的数对感兴趣，那么我们可以写"$x + y = 5$ 和 $x = y + 3$". 这个新的条件是用"和"连接起来的两个条件作成的. 它的解集是 $\{(4,1)\}$，而其图像是只含有一个点的集合，这个点叫作这两个图像(条件"$x + y = 5$"的图像和条件"$x = y + 3$"的图像)的交点，而 $\{(4,1)\}$ 叫作这两个解集的交.

练　习

　　1. 用符号"x""y""$=$"等把下述条件翻译成在上面用过的形式：

　　(1)第一个坐标等于第二个坐标.（答 $x = y$）

　　(2)第一个坐标是第二个坐标的加法逆元.（答 $x = -y$）

　　(3)坐标的和等于 3.

　　(4)坐标的和等于 -3.

　　(5)坐标的和等于 -5.

　　(6)第一个坐标与第二个坐标的差（按这个顺序）等于 2.

　　(7)第一个坐标与第二个坐标的差等于 -1.

(8)第一个坐标等于 2.

(9)第一个坐标等于 − 2.

(10)第二个坐标等于 4.

(11)坐标的绝对值相等.

2. 把你在练习 1 中写出的开句画出图像.

3. 把下述条件(用坐标的语言)翻译为句子:

(1)$x + 6 = y$.　　　　(2)$y - x = 3$.

(3)$y = |x|$.　　　　(4)$y = x - 2$.

(5)$7 = |x - 3|$.　　　　(6)$x = 7$.

(7)$y = 1$.

4. 对于"大于"使用" > "以及对于"小于"使用
" < ",把§1 中练习 7 的句子翻译为数学符号.

5. 把下述句子翻译为数学符号:

(1)第二个坐标是 2 与第一个坐标的积.

(2)第一个坐标是 2 与第二个坐标的积.

(3)第二个坐标是 3 与第一个坐标的积.

(4)第一个坐标是 3 与第二个坐标的积.

6. 用语句来描述下述条件:

(1)$y = 5x$.　　　　(2)$x = 5y$.

(3)$y = x^2$.　　　　(4)$y = 0$.

(5)$y < 0$.　　　　(6)$x > 0$.

(7)$x \cdot y = 6$.　　　　(8)$2x = 3y$.

7. 对于练习 6 中的每个条件,列出满足这个条件
的 $\mathbf{Z} \times \mathbf{Z}$ 的四个成员. 例如,(1,5),(2,10),
(−1, −5)和(0,0)是满足练习 6(1)中的 $\mathbf{Z} \times \mathbf{Z}$ 的四
个成员.

8. 在同一张格纸上,画出下述每个条件的图像. 对
于每个条件,使用不同颜色把满足条件的点圈起来:

（1）$y = x.$　　　　　　（2）$y = 2x.$

（3）$x = 27.$　　　　　　（4）$x = 0.$

（5）$y = 0.$

9. 练习 8 中图像的交点（公共点）是什么？哪个图像被包含在 x 轴内？y 轴内？哪些图像被包含在不同于轴的直线内？

10. 把下述句子翻译为数学符号：

（1）第二个坐标比第一个坐标的二倍多一.

（2）第一个坐标比第二个坐标的三倍少五.

11. 用语句来描述下面的条件：

（1）$y = x + 1.$　　　　　（2）$y = x - 1.$

（3）$y = x + 2.$　　　　　（4）$y = x - 2.$

12. 对于练习 11 中的每个条件，画一条直线过满足这个条件的点. 对于所有的直线使用同一张格纸.

13. 练习 12 中的四条直线有什么相似之处？列出这些直线和 y 轴相交的点的坐标. 注意这些坐标和练习 11 中所表达的条件间的相似之处.

§3　解集的交和并

所有满足条件 $x > 0$ 的格点都在 y 轴的相同的一边，我们将把在 y 轴的这一边的格点的集合叫作"A". 满足条件 $y > 0$ 的格点的集合位于 x 轴的相同的一边，把这个集合叫作"B".

当两个条件由一个像"和"这样的连词连接起来时，它们就形成一个新的叫作复合条件的条件. 满足复合条件"$x > 0$ 和 $y > 0$"的点的集合是既满足条件"$x > 0$"又满足条件"$y > 0$"的那些点的集合. 这个集合叫作集合 A 和 B 的交,因为它是由所有既在 A 中又在 B 中的元素组成的. 图 9 说明了集合 A, B 与 A 和 B 的交(写作 $A \cap B$)的关系.

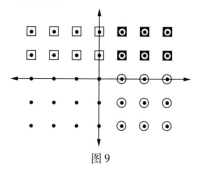

图 9

A 中的点在圆圈中($x > 0$).

B 中的点在方框中($y > 0$).

$A \cap B$ 中的点在圆圈和方框中($x > 0$ 和 $y > 0$).

令 C 是满足条件"$x < 0$"的点的集合,令 D 是满足条件"$y < 0$"的点的集合. 在一个像图 9 的图中说明 C, D 和 $C \cap D$. 对于 A 和 D, B 和 C 做同上的说明.

列出在(1)$A \cap B$,(2)$C \cap D$,(3)$A \cap D$,(4)$B \cap C$ 中的两个点的坐标.

满足条件"$x = 0$"的所有格点都在 y 轴上,把这个集合叫作"E". 复合条件"$x > 0$ 或 $x = 0$"的解集含有或满足"$x > 0$"或满足"$x = 0$"或同时满足两者的那些"点". 这个集合是 A 和 E 的并,记作 $A \cup E$. 图 10 说明了这个集合的关系.

A 中的点用圆圈围住了($x > 0$).

E 中的点用方框围住了($x = 0$).

$A \cup E$ 中的点用圆圈和方框围住了($x > 0$ 或 $x = 0$).

对于"$x > 0$ 或 $x = 0$"的一个较简的记法是"$x \geqslant 0$",读作"x 大于或等于零".

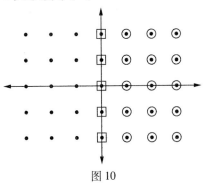

图 10

练　习

1. 在这个练习中试找出复合条件的图像中的点,而不先分别画出每个简单条件的图像. 这个练习的所有部分都做在一张格纸上:

(1)$x \geqslant 0$ 和 $x = y$.

(2)$x < 0$ 和 $x = -y$.

(3)$x \geqslant 0$ 和 $x = y$,或 $x < 0$ 和 $x = -y$.

在练习 2,3,4 和 5 中,遵循练习 1 的指令.

2. (1)$x \geqslant -1$ 和 $y = x + 1$.

(2)$x < -1$ 和 $y = -(x+1)$.

(3)$x \geqslant -1$ 和 $y = x + 1$,或 $x < -1$ 和 $y = -(x+1)$.

3. (1)$x \geqslant 0$ 和 $y \geqslant 0$ 和 $x + y = 5$.

(2)$x < 0$ 和 $y \geqslant 0$ 和 $y - x = 5$.

129

（3）$x \geqslant 0$ 和 $y \geqslant 0$ 和 $x + y = 5$，或 $x < 0$ 和 $y \geqslant 0$ 和 $y - x = 5$.

4. （1）$x \leqslant 0$ 和 $y \leqslant 0$ 和 $x + y = -5$.

（2）$x \geqslant 0$ 和 $y \leqslant 0$ 和 $x - y = 5$.

（3）$x \leqslant 0$ 和 $y \leqslant 0$ 和 $x + y = -5$，或 $x \geqslant 0$ 和 $y \leqslant 0$ 和 $x - y = 5$.

5. （1）$y \geqslant x$ 和 $y \leqslant x + 3$.

（2）$y \leqslant x$ 和 $y \geqslant x - 3$.

（3）$y \geqslant x$ 和 $y \leqslant x + 3$，或 $y \leqslant x$ 和 $y \geqslant x - 3$.

§4 绝对值条件

一个整数 a 的绝对值可以考虑为 $\max\{a, -a\}$. 从这个定义我们能够看到：

（1）零的绝对值是零；

（2）一个正整数的绝对值就是这个正整数；

（3）一个负整数的绝对值是这个负整数的加法逆元.

这概括了所有可能的情形，因为，假如 x 是一个整数，那么就有 $x = 0, x > 0$ 或 $x < 0$.

这个定义可以写得更为简洁，即

$$|x| = \begin{cases} x, & \text{若 } x \geqslant 0 \\ -x, & \text{若 } x < 0 \end{cases}$$

例 1 假如 $x = 5$，那么 $|x| = 5$，这是因为 $5 > 0$.

假如 $x = 0$，那么 $|x| = 0$，这是因为 $0 = 0$.

假如 $x = -3$，那么 $|x| = 3$，这是因为 $-3 < 0$，而 $-(-3) = 3$.

例 2　假设 $|x| = 3$.

由定义 $|x| = x$ 或 $|x| = -x$，因此用 3 来代替前面的 $|x|$，得 $3 = x$ 或 $3 = -x$，由此得 $x = 3$ 或 $x = -3$. 我们会看到从 $|x| = 3$ 出发，而作为一个结果得到了复合条件 "$x = 3$ 或 $x = -3$". 这个条件的解集是这两个简单条件的解集的并.

在一条直线上这个解集仅仅是一对点，但是在平面上格点的集合中，一个更为有趣的情况产生了. 在图 11 中，对于 $x = 3$ 或 $x = -3$ 的那些点都已用圆圈圈上了.

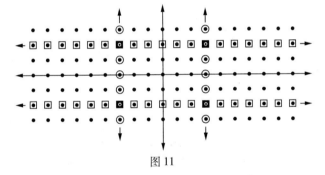

图 11

其次，假设 $|y| = 2$，那么 $y = 2$ 或 $y = -2$. 在图 11 中，第二个坐标是 2 或 -2 的那些点用方框围了起来. $|x| = 3$ 和 $|y| = 2$ 的图像是以什么方式指出的？

练　习

1. 下述绝对值指的是什么整数？

(1) $|-7|$.　　　　　　　(2) $|15|$.

(3) $|0|$.　　　　　　　　(4) $|-1|$.

(5) $|999|$.

2. 在同一张格纸上画出下述条件的图像：

(1) $|x| = 4$.　　　　　　(2) $|x| = 4$ 和 $|y| = 1$.

131

(3)$|y|=1$.　　　　　　(4)$|x|=4$ 或 $|y|=1$.

(5)描述(3)和(4)中的图像是如何由(1)和(2)中的图像所确定的.

3. 画出 $y=|x|$ 的图像. 记住如果 $x \geqslant 0$,那么 $y=x$, 以及如果 $x<0$,那么 $y=-x$. $x \geqslant 0$ 是说点都在 y 轴的右边或 y 轴上,$x<0$ 是说点都在 y 轴的左边.

4. 画出 $y=|x+1|$ 的图像. 提示

$$|x+1|=\begin{cases}x+1,若 x \geqslant -1\\-(x+1),若 x<-1\end{cases}$$

也可参考 §3 中的练习 3.

5. 画出下述条件中的图像:

(1)$y=2|x|$(在 y 轴的右边就变为 $y=2x$;在 y 轴的左边就变为 $y=-2x$).

(2)$y=3|x|$.

(3)$y=-2|x|$.

6. 画出下述条件的图像:

(1)$y=|x|+1$(为什么你能把它考虑为从 x 轴平移了一个间隔的 $y=|x|$ 的图像).

(2)$y=|x|-2$.

7. 画出 $|x|+|y|=5$.

§5　格点游戏

一、漫画的游戏

看一看当你变动 x 轴和 y 轴的交角时,图像或画会发生什么有趣的情况. 例如,看一看当你变动轴的交

角时,"方头像"会发生什么情况(图12)?

　　假如你在一个格栅上画一个圆,然后用联结有相同坐标点的办法把它转移到另一个格栅上,那么你想这个圆会发生什么情况?

　　把在图13中画出的"月球上的人",转移到另一个格栅上,它的轴具有差别很大的夹角,即"↗".用画上的点的坐标来做这个转移.

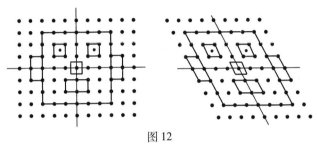

图12

　　记住,当我们求第二个坐标时,必须沿着一条"倾斜"直线来数点的数目.

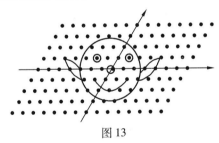

图13

　　头:$(-2,4),(2,2),(4,-2),(3,-4),(1,-4),(-2,-2),(-4,2)$;

　　眼:$(-2,2),(0,2)$;

　　鼻:$(0,0)$;

　　嘴:$(-1,-1),(1,-2),(2,-1)$;

左耳:$(-4,2)$,$(-5,2)$,$(-4,1)$;

右耳:$(2,2)$,$(3,2)$,$(3,1)$.

漫画的游戏有如下玩法:

(1)一个学生在他自己选择的一个格栅上画一个图,然后不出示这个图,而只告诉这个图的关键点的坐标;

(2)其他学生在自制的格栅上,使用任何选定的轴的交角,标出这些坐标,并描出这个图.

二、带运算的棋

这个游戏由两个人在格点的有限集上来玩. 例如

$(0,2)$ $(1,2)$ $(2,2)$

$(0,1)$ $(1,1)$ $(2,1)$

$(0,0)$ $(1,0)$ $(2,0)$

需要用$(Z_3,+)$的算术,故我们列出必要的事实:$0+0=0,0+1=1,0+2=2,1+1=2,1+2=0,2+2=1$,而交换性质将提供其他基本事实:

(1)一个游戏者持有红色棋子,另一个游戏者持有黑色棋子,掷一个硬币决定谁先走.

(2)第一个游戏者放一个棋子在他想放的任何点上.

(3)然后第二个游戏者放一个棋子在任何未被盖上的点上,并且放一个在其坐标是由最后两个被盖上的点的对应坐标相加所得的点上. 这里要用$(Z_3,+)$中的加法.

(4)在以后每次换边时,假如游戏者的对手刚放了一个棋子在(c,d)上,那么这个游戏者不但可以放在任何未被盖上的点(a,b)上,而且还要放在$(a+c,$

$b+d$)上. 若是这个点已经被他的对手的棋子盖上了, 那么游戏者就换上他自己的棋子. 例如, 假如一个游戏者刚盖上点(2,1), 那么另一个游戏者可以盖上点(2, 2), 而且还要盖上(2 + 2, 1 + 2), 即点(1,0).

（5）当所有的点全被盖上时, 这个游戏就结束了. 谁盖着的点多谁就算赢. 当你玩这个游戏时, 你将会看到, 它包括了若干有趣的策略.

§6　格点的集合和 Z 到 Z 内的映射

格点的一个重要应用就是表示 Z 到 Z 内的映射.

下面列出了由 $x \to 2x$ 作成的某些指派, 这里 x 是 Z 的成员.

定义域… -3　-2　-1　0　1　2　3…
　　　　↓　　↓　　↓　↓　↓　↓　↓
值　域… -6　-4　-2　0　2　4　6…

由这个映射连接起来的数对也可以被列为 Z × Z 的子集

$\{\cdots, (-3, -6), (-2, -4), (-1, -2),$
$(0,0), (1,2), (2,4), (3,6), \cdots\}$

这个子集可以画成图像(图 14).

在这个特殊的映射中我们看到, 重要的点是那些 (x,y), 其中 $y = 2x$. 从 x 轴上的 3 到点(3,6)的箭头和从点(3,6)到 y 轴上的 6 的箭头说明了一个几何方法, 使用图像去求给 x 轴上某一个整数所指派的 y 轴上的整数.

135

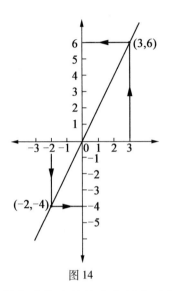

图 14

从图 14 所表明的映射的定义域中选择另一些整数,对于每一个整数描绘从 x 轴上的点,到图像中的点,然后到 y 轴上值域的对应成员的路线.

哪条轴含有一个映射的定义域的图像?

哪条轴含有一个映射的值域的图像?

条件 $y = \dfrac{12}{x}$ 引起映射 $x \to \dfrac{12}{x}$,假如我们限制这个映射的定义域为能整除 12 的整数集 T,于是

$$T = \{-12, -6, -4, -3, -2, -1, 1, 2, 3, 4, 6, 12\}$$

为了画出这个映射的图像,我们如下进行:取一个 T 的元素,譬如说 -6,计算 $\dfrac{12}{x}$,在这种情形中,$\dfrac{12}{-6} = -2$.

在映射 $x \to \dfrac{12}{x}$ 下,给 x 指派的是 $\dfrac{12}{x}$,因此给 -6 指派的是 -2,而有序对 $(-6, -2)$ 在这个映射的图像中. 我

们可以把这个过程思考如下：$y = \dfrac{12}{x}$，取 $x = -6$，那么

$y = \dfrac{12}{-6} = -2$，而数对 $(x, y) = (-6, -2)$ 就被确定了.

假如，我们从这个映射的定义域中取元素 4，那么

$y = \dfrac{12}{4} = 3$，而 $(4, 3)$ 是图像中的一个点.

按照这种方式我们能够求出其他数对并把它们登记在表 1 中.

表 1

定义域	值域
−12	
−6	−2
−4	
−3	
−2	
−1	
1	
2	
3	
4	3
6	
12	

复制并且完成表 1. 在一张图像纸上画出轴并且用圆把从这张表中得到的点圈起来.

练　习

1. 对于下述每一个对应做一张类似于上面的表：

（1）$y = x^2$.　　　　　　　　（2）$y = 2x + 1$.

（3）$y = x^2 + 1$.　　　　　　（4）$y = 2x - 1$.

（5）假如 x 是偶数，那么 $y = 9$；假如 x 是奇数，那么 $y = 1$.

2. 用你在练习 1 中建立的那些表，把每个条件的图像中的点圈起来. 使用图像纸并对每个图像单独作一对轴.

§7　在空间中的格点

假如 **Z** 表示整数集，以及 **Z × Z** 表示所有的整数有序对的集合，那么想一想 **Z × Z × Z** 表示什么？

已经看到 **Z** 可以与直线上的点集有联系，而 **Z × Z** 可以与平面中的点集有联系，所有有序三重整数集可以与（三维）空间中的点集有联系.

假定你希望坐落在某个马路和大街的拐角上的办公大楼里见到你的朋友，那么你不仅需要知道街的号数和马路的号数，而且还需要知道在这个办公大楼的几楼.

一架飞机在任何瞬间的经度和纬度都不足以确定它的位置，你还必须知道它的高度.

在上面的每一个例子中，必须要有三个数才能确定空间中一个物体的位置. 相应地，我们把格点的三维

集合的每个点与一个有序三重整数组联系起来. 在这一情形中, 我们不是有两个而是有三个轴, 而每个点有三个坐标.

图 15 说明了对空间中某些点的坐标的指派. 研究这个图, 看你是否能发现每个三重的 (x, y, z) 是如何被指派的.

具有顶点 A, B, G, F 的几何图形是一个平行四边形, 这是因为直线 AB 平行于直线 FG, 而直线 FA 平行于直线 GB. 具有顶点 $OABCDEFG$ 的几何图形有六个面, 每个面是一个平行四边形, 它叫作平行六面体.

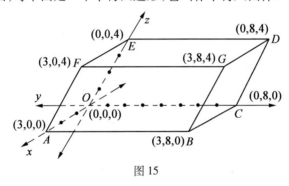

图 15

练　习

1. (1) 用顶点的字母来称呼上面平行六面体的六个面.

(2) 有多少个平行四边形以 O 为一个顶点?

(3) 试画出这样的平行六面体, 它的三个面以 O 为顶点, 并且从 O 引出的对角线的另一端点是点 $(2, 3, 4)$. 列出所有 8 个顶点的坐标.

2. 试用三张卡片纸, 做三个面的一个模型, 使任何两个面有一条公共直线, 但所有三个面只有一个公共点.

§8   平移和 Z×Z

在这一节中,我们的主要兴趣在于用坐标描述的格点集到它自身的平移.

在一个映射中,我们将用"P'"(读作:P 撇)来表示点 P 的象. 假如 P 的坐标是 (x,y),那么 P' 的坐标是 (x',y').

平移把格中的每一个点向相同方向"移动"相同的距离.

图 16 给出了在四个点上某个平移的效果.

$$(-4,-1) \longrightarrow (-3,1)$$
$$(-1,-3) \longrightarrow (0,-1)$$
$$(5,-1) \longrightarrow (6,1)$$
$$(3,1) \longrightarrow (4,3)$$

图 16

问题   1. 在下述每一情形中,第一个坐标增加了多少? 第二个坐标增加了多少?

2. 在相同的平移中,下述点的象是什么?

(1)(2,3).　　　　　　(2)(6,-2).

(3)(-1,2).　　　　　(4)(0,0).

上面的平移可以定义为

$$(x,y)\longrightarrow(x+1,y+2)\text{或}T_{1,2}$$

$T_{1,2}$ 指明,这个平移把每个点的第一个坐标加1,第二个坐标加2.

$\mathbf{Z}\times\mathbf{Z}$ 的任何平移可以记为

$$(x,y)\longrightarrow(x+a,y+b)\text{或}T_{a,b}$$

这里 a 和 b 都是整数.

平移 $T_{0,0}$ 的效果是什么? 由于 $T_{0,0}$ 或 $(x,y)\rightarrow(x+0,y+0)$ 映射每一个点到它自身,故这个平移称为恒等平移.

已经熟悉了映射的合成,关于格点集的平移 $T_{a,b}$ 和 $T_{c,d}$ 的合成能被表达为

$$T_{a,b}\circ T_{c,d}=T_{c+a,d+b}$$

在上面的定义中,符号"。"能读作"与"或"紧跟",这是由于"。"右面的平移是先作的平移. 在一个点 (x,y) 上,上面的平移合成的效果是

$$(x,y)\longrightarrow(x+c+a,y+d+b)$$

假如在图17的坐标系中,在格点上放一个圆盘,那么 $T_{2,3}\circ T_{-4,-1}$ 告诉你先把这个圆盘向左边移动4个点并向下移动一个点,然后跟着向右移动2个点并向上移动3个点. 由于 $T_{2,3}\circ T_{-4,-1}=T_{-2,2}$,因此这样做应和向左移动2个点和向上移动2个点一样. 图17给出了对 $(0,0)$ 的效果来说明这个情况.

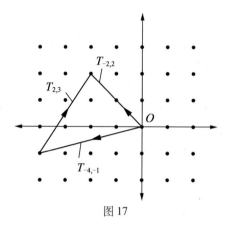

图 17

练　习

1. 求下述平移对的合成：

（1）$T_{-5,3} \circ T_{5,-3}$.　　　　（2）$T_{4,-2} \circ T_{-4,2}$.

（3）$T_{a,b} \circ T_{-a,-b}$.

假如两个平移的合成是恒等平移，那么每一个平移叫作另一个平移的逆平移.

2. 使用关于整数加法的交换性质去证明：$T_{a,b} \circ T_{c,d} = T_{c,d} \circ T_{a,b}$.

3. 练习 2 表明了平移的合成具有什么性质？

4. 使用整数的一个性质去证明下面的式子
$$T_{a,b} \circ (T_{c,d} \circ T_{e,f}) = (T_{a,b} \circ T_{c,d}) \circ T_{e,f}$$

5. 练习 4 表明了平移的合成具有什么性质？

6. 在图像纸上画一个有下述顶点的平行四边形
$$(-3,-1),(0,3),(7,3),(4,-1)$$

7. 用尺子来验证练习 6 中的每一对相对顶点的中点是 $(2,1)$.

8. 求练习 6 中的点在平移 $T_{-2,-1}$，即映射每个

(x,y) 到 $(x-2,y-1)$ 的平移下的象.

9. 验证练习 8 中求得的象点形成另一个平行四边形的顶点.

10. 用尺子来验证练习 9 中每一对相对顶点的中点就是点 $(2,1)$ 在平移 $T_{-2,-1}$ 下的象.

§9　伸长和 Z × Z

图 18 说明了在伸长下,点的集合发生怎样的情况.

一个 Z × Z 的伸长是一个如下指明的映射
$$(x,y)\longrightarrow(ax,ay) \text{ 或 } D_a$$
这里 a 是任一非零整数.

在图 18 的伸长中 $a=2$. 这个映射是 $(x,y)\rightarrow(2x,2y)$ 或 D_2. 一种等价的说法是,象中各点之间的距离两倍于第一个画中对应点之间的距离. 假如伸长是 D_{-2},那么象将有相同的尺寸,但是将头朝下地位于 x 轴下边和 y 轴左边,他的鼻子还是对着 y 轴,但在原点下 6 个单位处.

练习　把原来的画伸长 -2 倍,那么映射是 $(x,y)\rightarrow(-2x,-2y)$,你将会看到它的大小增大了,头的方向朝下.

在任何伸长中,每个点的两个坐标都乘以相同的数. 在下面的问题中,我们将把这个数称为 "a":

(1)假如 $a=1$,那么在一个伸长中各点会发生什么情况?

(2)假如 $a=-1$,那么在一个伸长中各点会发生什么情况?

143

(3)假如我们允许 a 为零,每个点将映射到哪个点上?

(4)假如 $a=3$,那么在一个点的集合中每个点会发生什么情况? 假如 $a=-3$ 呢?

(5)假如一幅画是在图18中 y 轴的左边和 x 轴的上边,那么在 D_2 下其象在何处? 在 D_{-2} 下呢?

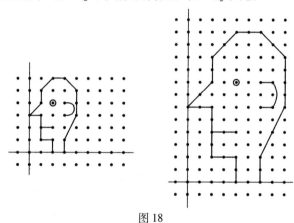

图18

(6)在 x 轴上的任何点被伸长 $(x,y) \to (ax, ay)$ 映射到何处? 在 y 轴上的一个点被映射到何处?

练 习

1. 用伸长 D_3 去画出下述的点和它们的象

$$(-3,-1),(0,3),(7,3),(4,-1)$$

2. 回答有关练习1中的图和它的象的下述问题:

(1)四个给定点给出怎样的几何图形的轮廓?

(2)象点可以给出和原来的图形一样大小的一个图形的轮廓吗? 形状一样吗?

3. 伸长的合成可以表达为 $D_b \circ D_a = D_{ab}$,这里的

D_a 先伸长.

(1)哪个伸长把每一个点映射到它自己?

(2)只有哪两个伸长在 **Z** × **Z** 中有逆元?

§10　某些其他的映射和 **Z** × **Z**

假如给了你一个点的坐标和求这个点的象的一个规则,那么现在你在求象时应该已有些技巧了.对于下面的每一个映射,求给出一个平行四边形的轮廓的下述点以及这个平行四边形相对顶点的中点的象,然后回答问题 1~7.

点:$(-3,-1)$,$(0,3)$,$(7,3)$,$(4,-1)$.

相对顶点的中点$(2,1)$.

1.首先使用图像纸去画出这个图和它的象.

2.象是否给出另一个平行四边形的轮廓?

3.中点的象是不是相对顶点的象的中点?

4.由象点给出其轮廓的图形和原来图形的大小一样吗?形状一样吗?

5.假如把平行四边形的顶点按顺时针方向叫作 $ABCD$,那么它们各自的象 A',B',C',D'也是按顺时针方向排着吗?

6.对每个映射作它和自己的合成.

7.合成下述映射:(1)紧跟(2),(3)紧跟(5),(4)紧跟(6),(5)紧跟(6),(6)紧跟(5).

映射:

$(1)(x,y) \rightarrow (x,-y)$;

(2) $(x,y) \rightarrow (-x,y)$;

(3) $(x,y) \rightarrow (y,x)$;

(4) $(x,y) \rightarrow (y,-x)$;

(5) $(x,y) \rightarrow (x+3,-y)$;

(6) $(x,y) \rightarrow (x+2y,y)$.

§11 小　　结

1. 给平面内的格点指派整数有序对这件事情包括：

（1）给称为轴的两条相交直线中每一条上的有相等间隔的点指派整数；

（2）给在轴的平面内的格点指派从每条轴上取一个整数所作成的整数对.

2. 所有整数有序对的集合记作 **Z** × **Z**，而被指派给一个点的两个整数叫作这个点的坐标.

3. 关于一个点的坐标的条件被用开句来表达. 例如，"坐标的和等于 3"被表达为"$x + y = 3$". 把满足条件的有序对的集合称为这个条件的解集，把以这些有序对为坐标的格点集称为这个条件的图像.

4. 复合条件可以用把两个开句用"和"连接起来的办法来表达，也可以用连词"或". 假如一对整数同时满足连接的两个条件，那么它就满足了一个"和"条件. 假如它满足其中任何一个条件，那么它就满足了一个"或"条件.

5. 一个整数的绝对值被定义为

$$|x| = x, \text{若 } x \geqslant 0$$

146

$$|x| = -x,若 x < 0$$

6. 用给点指派三个数的方法, 平面坐标系的思想可以被推广到空间.

7. $\mathbf{Z} \times \mathbf{Z}$ 的平移被表达为

$$(x, y) \to (x + a, y + b)$$

8. $\mathbf{Z} \times \mathbf{Z}$ 的伸长被表达为

$$(x, y) \to (ax, ay)$$

复习练习

1. 对下述条件的每一个, 列出满足它的五个整数有序对:

(1) $x + 2y = 5$.　　　　(2) $x = 27$.

(3) $y = |x| - 2$.　　　　(4) $|x| + |y| = 3$.

(5) $xy = 24$.

2. 把下述条件翻译为开句:

(1) 第一个坐标的两倍减第二个坐标的三倍等于 7.

(2) 第一个坐标比第二个坐标的绝对值的两倍小 3.

(3) 第一个坐标大于 0 和第二个坐标小于 2.

3. 把下述的开句翻译为词:

(1) $y = x^2 - 2$.　　　　(2) $|x + y| = 5$.

(3) $y > 2$ 或 $x < 3$.

4. 把下述条件的解集列出来:

(1) $x + y = 5$ 和 $x - y = 3$.

(2) $y = x^2$ 和 $x = -1$.

5. 画下述条件的图像:

(1) $y = 2x - 1$.　　　　(2) $y = -3x$.

（3）$x > 0$ 和 $y = 0$.

6. 哪个或哪些"区域"含有坐标满足下述条件的那些点：

（1）$x = 2$ 和 $y > 0$.

（2）(x,y) 不在任何一条轴上.

（3）$y < -5$ 和 $x < -6$.

（4）$x = -10$ 和 $y = 23$.

7. 在一张图像纸上画出一对轴并且把下述的点用圆圈起来

$(6,11),(6,1),(11,6),(1,6),(9,10),(3,10),$
$(3,2),(9,2),(10,9),(10,3),(2,3),(2,9)$

8. 对于下面的映射，求练习 7 中每个点的象，并且把这些象点用圆圈起来：

（1）$(x,y) \rightarrow (x, -y)$.

（2）$(x,y) \rightarrow (-2x, -2y)$.

（3）$(x,y) \rightarrow (-x, y)$.

（4）$(x,y) \rightarrow (y, x)$.

9. 在一张图像纸上，标出下述的点，并且画出由它们给出其轮廓的三角形：$(0,0),(0,5),(2,0)$.

在同一张图像纸上，标出这三个点在下述映射下的象，并且在每一情形中，画出由这三个象点给出其轮廓的三角形：

（1）$(x,y) \rightarrow (2x, 2y)$.

（2）$(x,y) \rightarrow (-2x, 2y)$.

（3）$(x,y) \rightarrow (-2x, -2y)$.

（4）$(x,y) \rightarrow (2x, -2y)$.

10. 在一张图像纸上，标出下述四个点，并且画出由它们给出其轮廓的四边形

$(0,0),(0,3),(4,3),(4,0)$

在同一张图像纸上,标出这四个点在下述映射下的象,并且在每一种情形中,画出由这四个象点给出其轮廓的四边形:

(1) $(x,y) \rightarrow (x+3, y+4)$.

(2) $(x,y) \rightarrow (x+2y, y)$.

(3) $(x,y) \rightarrow (x+5, -y)$.

(4) $(x,y) \rightarrow (x,0)$.

曲率,组合学和傅里叶(Fourier)变换[①]

附录

在 1978 年的文章"调和分析中与曲率相关的问题(problems in harmonic analysis related to curvature)"[27]中,E. M. Stein 和 S. Wainger 研究了定义在 $\mathbf{R}^d$ 中曲面和其他低维子流形上的各种算子. 再现的主题是这些算子的行为被基本流形的高斯曲率——流形上的一点对应到该点法线的高斯映射的微分行列式,不同程度地控制. 最近几年,这些思想不仅在调和分析的背景,而且在组合学和解析数论的相关

① 作者:Alex Iosevich,译自:Notices of the AMS,2001,48(6):577-583, Curvature, Combinatorics, and the Fourier Transform.

问题中经历了进一步发展,本文不试图穷尽地概括在
这些领域的最新进展,相反,本文的目的是通过广大数
学家可理解的例子描述几个联系.

§1　爱尔迪希(Erdös)距离问题

高斯曲率起作用的一个最引人注目的例子出现在
离散背景下. 当 S 是 $\mathbf{R}^d$ 中 N 个不同点的一个集合时,
令 $D(S)$ 表示 S 中两点之间不同距离的集合,即

$$D(S) = \{|x-y| : x, y \in S\}$$

其中 $|\cdot|$ 是一个距离函数. S 中不同元素之间距离的
总数目,当然是 $\dfrac{N!}{2!\,(N-2)!}$,然而,这些距离中的一些
可能相同. 爱尔迪希提出一个问题:当 S 的基数大时,
能真实发生的不同距离的最小数目是多少? 尽管这个
问题是公开的,然而答案明显依赖于 x 和 y 之间的"距
离"是否是标准的欧几里得距离

$$\sqrt{(x_1 - y_1)^2 + \cdots + (x_d - y_d)^2}$$

还是出租车(taxi-cab)距离 $|x_1 - y_1| + \cdots + |x_d - y_d|$.
理由是欧氏距离中的单位球的边界有非消失曲率,而
在出租车距离中单位球的边界曲率在大多数点(曲率
有定义的点)消失. 直观地讲,立方体有平坦的边界,
圆周有弯曲的边界. 这个看起来简单的主题驱动了本
文所描述的大多数概念.

令 $i_d(N,2)$ 表示 $\mathbf{R}^d$ 中基数为 N 的一个集合中点
之间不同的欧氏距离最小可能的数目. 类似地,令

$i_d(N,1)$ 表示不同的出租车距离最小可能的数目. 首先我们将证明对于 $p=1$ 和 $p=2$, $i_d(N,p) \gtrsim N^{\frac{1}{d}}$. 然后将证明当 $p=2$ 时曲率的存在允许对这个估计的重要的实质改进.①

一、不依赖于曲率的估计

这首先由爱尔迪希在 1946 年[28]证明. 假设我们在平面中工作, 所以 $d=2$. 如果 N 个点给定, 则它们的凸包是某个多边形. 令 P_1 表示这个多边形的任意一个顶点, 且令 K 表示对 $i=2,\cdots,N$, 距离 P_1P_i 中不同距离的数目. 如果 M 是同一个距离出现的最大次数, 则 $KM \geq N-1$. 如果 r 是一个出现 M 次的距离, 则在中心为 P_1, 半径为 r 的圆上有 M 个点, 所有 M 个点位于同一个半圆上, 因为 P_1 是包含 P_i 的一个多边形的一个端点(图 1). 我们可以记这些点为 $Q_1,\cdots,Q_M$, 使得 $Q_1Q_2 < Q_1Q_3 < \cdots < Q_1Q_M$. 这推出 $i_2(N,p) \geq \max\left\{M-1,\dfrac{N-1}{M}\right\}$, 当 $M(M-1)=N-1$ 时达到最小. 因此 $i_2(N,P) \gtrsim N^{\frac{1}{2}}$. 在高维时一个类似的讨论可证明 $i_d(N,p) \gtrsim N^{\frac{1}{d}}$. (当 $p=1$, 即我们用出租车度量时, 这个论证需要稍微做一下修改, 因为不等式 $Q_1Q_2 < Q_1Q_3 < \cdots < Q_1Q_M$ 不一定成立. 但是, 如果点 $Q_1,\cdots,Q_M$ 位于出租车度量中"圆"的同一条边上, 这些不等式成立. 我们不能确信它们都位于同一条边上, 但一定存

---

① 记号: 文中 $a \lesssim b$ 意指存在一个一致常数 C 使得 $|a| \leq C|b|$. 符号 $a \gtrsim b$ 可类似定义, 且 $a \approx b$ 意指 $a \lesssim b$ 且 $a \gtrsim b$. ——原注

在一条边包含这些点的至少 $\frac{1}{4}$,其余的论证都行得通.)

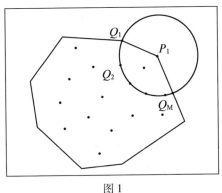

图 1

二、什么使得我们认为曲率会有帮助?

考虑二维整数格的一个子集

$$L_N = \{(k_1, k_2) \in \mathbf{Z}^2 : 0 \le k_i \le \sqrt{N}\}$$

如果我们考虑上面定义的 $l^1(\mathbf{R}^2)$(出租车)距离,不难看到 L_N 中点之间的不同距离数目近似地为 $\sqrt{N}$ 的常数倍. 这推出 $i_2(N,1) \lesssim N^{\frac{1}{2}}$,基于前一段意味着 $i_2(N,1) \approx N^{\frac{1}{2}}$.

另一方面,当距离是欧氏距离($p=2$)时,其中数论的一个事实称 L_N 中点的距离数近似地为 $\frac{N}{\sqrt{\log(N)}}$. 这个例子导致一个猜测 $i_2(N,2) \gtrsim \frac{N}{\sqrt{\log(N)}}$,这比对于 $i_2(N,1)$ 的结果要好得多.

三、曲率来帮助

我们刚才阐述的猜测仍然是公开的. 然而,我们能使用 L. Moser 的一个论证,通过利用欧氏度量中球的非消失高斯曲率得到关于不依赖于曲率的估计 $i_d(N,2) \gtrsim N^{\frac{1}{d}}$ 的一个重要改进.

　　为了简单起见,假设维数 $d=2$,且令 S 是基数为 N 的平面集合. 通过伸缩,我们可以假设 S 中不同点之间的最小距离为 1. 进一步,假设 S 是在以下的意义上是良好分布的,即半径为 10,中心在 S 的凸包中的欧氏球包含 S 中的点.(后面这个假设一般不成立,但在后面讨论的应用中,这个假设是成立的.)例如,上面定义的格 L_N 容易满足这些条件. 我们将看到[1] $i_2(N, 2) \gtrsim N^{\frac{3}{4}}$. 事实上,选取 S 中的两个点 P 和 Q 使得 $|P - Q| = 1$. 画足够多的以 P 和 Q 的中点为中心,宽为 1 的同心半环,覆盖 S 中绝大多数的点(图 2). 我们考虑"最坏的情形"的场景,其中我们需要 $\approx N^{\frac{1}{2}}$ 个这样的环. 目前,通过度量这些环中的点到 P 或 Q 的距离,我们已经有 $\approx N^{\frac{1}{2}}$ 个距离. 这正好是在不需要任何假设下对于距离函数得到的上面的结果. 然而,我们正在使用欧氏距离函数,所以是时候利用它了!

　　因为 S 的基数为 N,由鸽巢原理,我们的环的绝大部分事实上有 $\approx N^{\frac{1}{2}}$ 个点. 更仔细地考虑这些环中的一个,假定通过度量到 P 和 Q 的距离,我们发现这个环中的点正好贡献 k 个距离 $d_1, d_2, \cdots, d_k$. 令 A_i $(i = 1,$

---

　　① 这个结果,以及事实上一个属于 J. Solymosi 和 C. D. Tóth 的更强的估计 $i_2(N,2) \gtrsim N^{\frac{6}{7}}$,在去掉 S 是良好分布的假定下仍然成立. 一个指标为 $\frac{4}{5}$ 的早期的估计属于 F. Chung, E. Szemerédi和 W. T. Trotter. ——原注

$2,\cdots,k$)表示这个环中到 P 的距离为 d_i 的点的集合,且令 $B_1,B_2,\cdots,B_k$ 类似地对于 Q 来定义. 由鸽巢原理,也许对 A_i 和 B_i 做重新标号后,至少有一个 A_i 包含 $\geqslant \dfrac{N^{\frac{1}{2}}}{k}$ 个 S 中的元素. 另一方面

$$A_i = \bigcup_{j=1}^{k} A_i \cap B_j \tag{1}$$

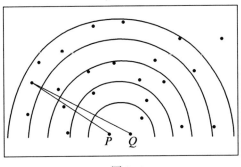

图 2

且每个交集能支撑至多一个点,因为不同中心的两个半圆至多交于一个点. 这是曲率被应用的地方,因为对于出租车距离的两个圆的类似断言将是错误的! 从式(1)推出

$$\frac{N^{\frac{1}{2}}}{k} \lesssim k \tag{2}$$

它蕴涵 $k \gtrsim N^{\frac{1}{4}}$. 我们得到所断言的结论 $i_2(N,2) \gtrsim N^{\frac{3}{4}}$. 直接验证当 $p>1$ 时,对于欧氏距离的讨论在 $l^p(\mathbf{R}^d)$ 距离也正好成立. d 维的 $l^p(\mathbf{R}^d)$ 距离定义为

$$\left(|x_1 - y_1|^p + \cdots + |x_d - y_d|^p\right)^{\frac{1}{p}}$$

这样,当 $p \geqslant 1$ 时,$i_d(N,p) \gtrsim N^{\frac{1}{d}}$,且当 $1<p<+\infty$ 时,$i_d(N,p) \gtrsim N^{\frac{3}{2d}}$. 换言之,甚至一点点曲率都足以改进估

155

计.

四、应用到 Fuglede 猜测

哪些区域能被用来平铺(tile)欧氏空间？例如,我们能用正方形或六边形平铺平面. B. Fuglede 猜测其平移能平铺欧氏空间的区域可通过傅里叶分析来刻画. $\mathbf{R}^d$ 中的一个区域 D 称为谱的(spectral),如果存在 $\mathbf{R}^d$ 的一个离散子集 A,使得指数函数集 $\{e^{2\pi i x \cdot a}\}_{a \in A}$ 构成 D 上平方可积函数空间 $L^2(D)$ 的一个正交基.

在 D 是立方体 $[0,1]^d$ 的一个著名的例子中,我们可以取集合 A 为整数格. 如果 D 是正六边形,我们可以取 A 是"蜂巢"格. 在这两种情形中,D 通过平移平铺 $\mathbf{R}^2$(就是说,可以通过 D 的平移除了可能在边界上不重叠地覆盖 $\mathbf{R}^2$). 另一方面,Fuglede 通过直接计算证明了圆盘不是谱的,因为圆盘不能通过平移平铺 $\mathbf{R}^2$,这导致 Fuglede 猜想. D 是谱的当且仅当 D 通过平移平铺 $\mathbf{R}^2$. Fuglede 在额外假定或者 D 的一个谱或者一个平铺集是格的条件下证明了这个猜测,在这种情形下,问题本质上归结为泊松(Poisson)求和公式,它把一个函数限制在整数格上的和与这个函数的傅里叶变换限制在一个适当定义的对偶格上的和联系起来.

Fuglede 猜测在任意维远未被证明,尽管最近有相当的进展.[①]N. Katz, S. Pedersen 和 Alex Iosevich 证明了单位球 B_d 在任意维数 $d \geq 2$ 时不是谱的,让我们看到曲率怎样进入证明中. 假设 B_d 是谱的,且令 A 表示

---

① 关于 Fuglede 猜测许多有意义的突破最近由 P. Jorgensen, M. Kolountzakis, I. Laba, J. Lagarias, J. Reeds, T. Tao, Y. Wang和其他人获得.——原注

一个假定存在的谱. 我们想估计在一个边长为 R 的方体中 A 的点的数目和这些点之间距离的数目. 方法是研究 B_d 的特征函数 χ_{B_d}(这个函数当 $x \in B_d$ 时等于 1, 其他情形等于 0)的傅里叶变换. 回想一下傅里叶变换,由公式

$$\hat{f}(\xi) = \int e^{-2\pi i x \cdot \xi} f(x) \, dx \tag{3}$$

定义.

假设指数函数集 $\{e^{-2\pi i \cdot a}\}_{a \in A}$ 是完备的,不能证明 $\sum_{a \in A} | \hat{\chi}_{B_d}(\xi - a) |^2 \equiv 1$. 下一步,我们断言 A 与边长为 R 的方体的交集的基数 $\approx R^d$. 为了证明这一点,考虑中心在这个交集的任意点 y,边长为 r 的方体 $Q_r(y)$. 我们有

$$
\begin{aligned}
1 &\equiv \sum_{a \in A} | \hat{\chi}_{B_d}(\xi - a) |^2 \\
&= \sum_{a \in Q_r(y) \cap A} | \hat{\chi}_{B_d}(\xi - a) |^2 + \\
&\quad \sum_{a \notin Q_r(y)} | \hat{\chi}_{B_d}(\xi - a) |^2
\end{aligned}
$$

我们能验证,如果 A 是一个谱,则当 r 大于某个只依赖于 B_d 的几何性质的常数 r_0 时,第二个和式小于 $\frac{1}{2}$. 这推出对 $r > r_0$, $Q_r(y) \cap A$ 不是空集,且如果 R 充分大, 我们的断言被建立了.

单位球特征函数的傅里叶变换 $\hat{\chi}_{B_d}(\xi)$ 的具体形式为

$$\int_{B_d} e^{-2\pi i x \cdot \xi} dx \tag{4}$$

正交性假设蕴涵着如果 a 和 a' 是 A 中不同的点,则在 (4)中的积分当 $\xi = a - a'$ 时等于 0. 从而,A 中任意两

点之间的距离下方被某个正常数界定. 一个经典的结果称一个径向函数(函数值只依赖于自变量到原点的欧氏距离)的傅里叶变换也是一个径向函数. 这告诉我们(4)中的积分只依赖于$|\xi|$. 进一步, 这个函数的零点非常接近于 $\cos\left(|\xi| - \dfrac{\pi d}{4}\right)$ 的零点. 关于这个事实和相关的背景, 参见[29]. 这推出在 A 与边长为 R 的方体的交集中, 存在 $\approx R^d$ 个点只有 $\approx R$ 个不同的距离连接. 在前一节我们看到欧氏距离函数的曲率使得这是不可能的.

§2　凸区域中格点的分布

高斯在 19 世纪中叶观察到如果 D 是 $\mathbf{R}^d$ 中的一个凸区域, 则在尺度变换区域 tD 中格点的数目 $N(t)$ 等于 $t^d|D|$, 相关误差 $R(t) \le t^{d-1}$. 这是因为误差不能超过与边界距离至多 $\dfrac{\sqrt{d}}{2}$ 的区域中格点的数目. 一般来讲, 这个结果不可能被改进. 我们将证明曲率导致关于误差项 $R(t)$ 的一个更好的界.

如果我们取 D 是立方体 $[-1,1]^d$, 则如果 t 是一个整数, tD 的边界上的格点数 $\approx t^{d-1}$. 这推出对于方体, 估计 $R(t) \le t^{d-1}$ 不能被改进. 现在我们试图利用曲率. 刚才在方体情形下使用的估计对于单位球不适应. 例如, 粗略地说, 因为球的边界是弯的, 这避免聚集很多格点. 属于兰道(E. Landau)的一个经典结果称如果

D 的边界处处有非消失的高斯曲率,则 $R(t) \lesssim t^{d-2+\frac{2}{d+1}}$.

V. Jarník 证明了在二维时,幂 $d-2+\dfrac{2}{d+1}$ 在下面的意义上是"自然的",即我们能构造一个尺寸 $\approx t$ 的凸区域,使得曲率下界 $\approx \dfrac{1}{t^2}$ 且边界包含 $\approx t^{\frac{2}{3}}$ 个格点.Jarník 的构造最近被 E. Sawyer, A. Seeger 和 Alex Iosevich 改进,他们构造了一个固定的平面凸集 D,它的边界处处有非消失的高斯曲率,使得对趋于无穷大的一列 t,tD 的边界包含 $\approx t^{\frac{2}{3}}$ 个格点. 然而,对有某些光滑性的平面区域,关于 $R(t)$ 更好的估计是可能的. M. Huxley的一个最近的结果称,如果边界处处有非消失的高斯曲率且3次连续可微,则 $R(t) \lesssim t^{\frac{46}{73}}$. 在高维时,也有由 E. Krätzel 和 W. G. Nowak,以及最近 W. Müller所做的一系列改进. 球的情形在维数大于或等于4时完全被解决了,部分因为确定一个整数写成 4 个或更多个平方和的方式的数目的数论问题被充分好地理解了. 见[30]及其中包含的文献.

我们简单地了解怎样利用曲率来证明对于余项 $R(t)$ 的兰道估计的细节. 假设 D 的边界的高斯曲率下界为1. 设 ρ 是一个具有紧支集的光滑函数,积分为1,且令 $\rho_{\varepsilon}(x) = \varepsilon^{-d}\rho(\dfrac{x}{\varepsilon})$. 两个函数 f 与 g 的卷积定义为

$$(f * g)(x) = \int f(x-y)g(y)\mathrm{d}y \qquad (1)$$

与逼近恒等 ρ_{ε} 的卷积磨光一个函数,但不太多改变函数值. 因此

$$N_\varepsilon(t) = \sum_{k \in \mathbf{Z}^d} (\chi_{tD} * \rho_\varepsilon)(k) \qquad (2)$$

近似地计算 tD 中格点的数目.

　　一个经典的结果称两个函数卷积的傅里叶变换是两个函数傅里叶变换的乘积. 根据泊松求和公式, 式(2)变成

$$N_\varepsilon(t) = t^d \mid D \mid + t^d \sum_{k \neq (0, \cdots, 0)} \hat{\chi}_D(tk)\hat{\rho}(\varepsilon k)$$
$$= t^d \mid D \mid + R_\varepsilon(t) \qquad (3)$$

使用曲率的存在, 我们将看到 $\mid R_\varepsilon(t) \mid \lesssim t^{\frac{d-1}{2}} \varepsilon^{-\frac{d-1}{2}}$. 另一方面, 因为 $N_\varepsilon(t-\varepsilon) \leqslant N(t) \leqslant N_\varepsilon(t+\varepsilon)$, 我们能从每一项中减去 $t^d \mid D \mid$, 用 $t^{d-1}\varepsilon$ 比较我们的估计, 令 $\varepsilon = t^{-\frac{d-1}{d+1}}$ 得出

$$R(t) \lesssim t^{d-2+\frac{2}{d+1}} \qquad (4)$$

一旦我们有关于 $\hat{\chi}_D$ 在无穷远处好的衰减率信息, 就能推出关于 $R_\varepsilon(t)$ 的估计. 在球的情形, 通过一个相当直接的计算, 一般情形通过一个稍微复杂的讨论, 我们能证明, 如果 D 的边界处处有非消失的高斯曲率, 则当 $\mid \xi \mid$ 大时

$$\mid \hat{\chi}_D(\xi) \mid \leqslant \mid \xi \mid^{-1} \mid \xi \mid^{-\frac{d-1}{2}} \qquad (5)$$

参见[31], 第Ⅷ章. 因子 $\mid \xi \mid^{-1}$ 来自于把积分归结到 D 的边界上, 而余下的因子是曲率的结果. 怎样得到(4)呢? 通过上面的讨论, 只需证明

$$\mid R_\varepsilon(t) \mid \lesssim t^{\frac{d-1}{2}} \varepsilon^{-\frac{d-1}{2}}$$

有式(5)在手, 我们知道对任意的 $N > 0$, 有

$$R_\varepsilon(t) \lesssim t^d \sum_{k \neq (0, \cdots, 0)} \mid tk \mid^{-1} \mid tk \mid^{-\frac{d-1}{2}} (1 + \mid \varepsilon k \mid)^{-N}$$

由积分替换求和, 我们知道这个表达式正如所需要

的 $\lesssim t^{\frac{d-1}{2}} \varepsilon^{-\frac{d-1}{2}}$.

曲率怎样进入建立(5)的情景,在二维的情形最容易看到. 令 D 是平面上任意凸集, e_θ 是由角度 θ 确定的单位向量,且令

$$S_\theta = \sup_{x \in D} (x \cdot e_\theta) \tag{6}$$

对于小的正数 ε ,由下式定义一个区域 $A_D(\varepsilon,\theta)$ (图3)

$$A_D(\varepsilon,\theta) = \{x \in D : S_\theta - \varepsilon < (x \cdot e_\theta) < S_\theta\} \tag{7}$$

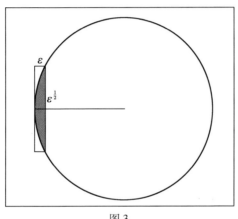

图3

通过一个分部积分论证[①]

$$|\hat{\chi}_D(re^{i\theta})| \lesssim |A_D(r^{-1},\theta)| + |A_D(r^{-1},\theta + \pi)| \tag{8}$$

其中右边的绝对值表示面积.

如果 D 的边界处处有非消失的高斯曲率,则

---

①　关于这个结果和相关的问题的一个漂亮且全面的描述出现在 L. Brandolini, M. Rigoli 和 G. Travaglini 发表在《Revista Matemática Iberoamericana》上的一篇文章中. ——原注

$A_D(r^{-1},\theta)$ 是一个宽 $\approx r^{-1}$，长 $\approx r^{-\frac{1}{2}}$ 的 "弓形"，其中隐含在 "$\approx$" 记号中的常数依赖于曲率的真实值. 由此推出 $|A_D(r^{-1},\theta)| \approx r^{-\frac{3}{2}}$，当然，这蕴涵二维时的(5). 在高维时的(5)对这样完全的一般情形并不成立，但是，在凸性和处处高斯曲率不消失的假设下它本质上成立.

事实上，归结到边界之后，我们需要估计一个光滑超曲面 S 的其中一小片上的勒贝格(Lebesgue)测度 σ 的傅里叶变换. 假设这个超曲面是凸的且与每条切线有有限阶接触. 令 $T_x(S)$ 表示与 S 相切于 x 的切平面，且定义 "球" $B(x,\delta)$ 通过

$$B(x,\delta) = \{y \in S : \mathrm{dist}(y, T_x(S)) \le \delta\} \qquad (9)$$

J. Bruna，A. Nagel 和 S. Wainger 在这个背景下证明了

$$|\hat{\sigma}(\xi)| \lesssim \sup_{x \in S} \left| B\left(x, \frac{1}{|\xi|}\right) \right| \qquad (10)$$

在 S 处处有非消失的曲率的情形下，$B(x,\delta)$ 近似地为一个尺度 $\approx (\delta^{\frac{1}{2}}, \cdots, \delta^{\frac{1}{2}}, \delta)$ 的盒子，根据(9)和上面提到的事实，即在计算 $\hat{\chi}_D(\xi)$ 时，通过分部积分把问题归结到边界的过程中我们得到另一个因子 $\frac{1}{|\xi|}$，这推出(5).

一、"算术"曲率

让我们稍微更仔细地考虑曲率在这个问题中的影响. 选取圆盘边界上的一个点，且考虑该点处的外法向. 当我们扩展圆盘时，圆的曲率保证几乎所有这样的法向通过一个 "重要的" 边缘(margin)不遇到格点，这可以通过丢番图(Diophantus)逼近精确化. 简单地说

曲率 ⇒ 很多不同的法向 ⇒ 遇到很少的格点

为什么我们探索这个观点？让我们再一次考虑边

平行于坐标轴的单位方体的情形. 正如上面指出的,估
计 $R(t) \leq t$ 在这种情形下不能被改进,因为曲率的缺
失阻止了方体的边界避开整数格点. 然而,我们实际上
能利用这种曲率的完全缺失,通过把区域旋转一个充
分不合理的角度. 这里的关键点是当未旋转的方体的
边界大量地遇到格点时,一个充分旋转的方体的边界
几乎根本不会遇到格点! 总结起来

$$没有曲率 \Rightarrow 很少的法向 \overset{\text{不合理旋转}}{\Rightarrow} 很少的格点$$

使用上面给出的泊松求和论证的一个修正,我们
能证明,以方体,或者,更一般地,任何多面体的几乎每
个旋转,只要 $\delta > 3$, $R(t) \leq \log^{\delta}(t)$. 使用一个更复杂的
讨论,Skriganov 证明了同样的结论对 $\delta > 1$ 成立. 一些
类似性质的结果被 B. Randol 在 20 世纪 60 年代,
Y. Colon de Verdiére 和 M. Tarnopolska-Weiss 及其他人
在 20 世纪 70 年代得到.

§3 曲率并不总是你的朋友

在前面的例子中曲率的存在总是有益的,在于它
在某些良定的方式下改进了结果. 在这一节,我们将看
到曲率并不总是有益的. 我们的第 1 个例子在某种程
度上涉及标准的高斯曲率,且第 2 个例子将利用来自
于前一节"算术"曲率的概念. 粗略地讲,思想如下:曲
率的存在经常导致在傅里叶变换边的"消失性",这导
致有利的结果. 然而,如果曲率用适当的方式在傅里叶
变换边引入,形势相反,且通常是我们朋友的曲率变成

了一个敌人. 这就是下面例子的本质.

一、Nikodým 集和一个微积分基本定理

勒贝格微分定理称如果 f 是 $\mathbf{R}^d$ 上的一个可积函数,则这个函数在以 x 为中心的方体 Q 上的平均对几乎所有的 x,当 Q 收缩到 x 时收敛到 $f(x)$. 然而,如果我们试图在更古怪的集合上平均 f,问题变得困难得多. 考虑下面的问题. 设 $\mathscr{R}$ 是中心在原点且方向任意的长方体的集合. 对几乎所有的 x,有

$$\lim_{\{R\text{的直径}\to 0;R\in\mathscr{R}\}} \frac{1}{|R|}\int_R f(x-y)\,\mathrm{d}y = f(x) \qquad (1)$$

是否正确?

A. Zygmund 观察到这个问题有一个否定的答案,因为 O. Nikodým 证明了存在单位方体的一个子集 N,具有全测度使得对每个 $x\in N$,存在一条直线 $l(x)$ 交 N 于一个点 x.

事实上,选取一个闭子集 $F\subseteq N$ 使得 $|F|\geq 1-\varepsilon$,其中 $\varepsilon>0$. 由此推出

$$\lim_{\{R\text{的直径}\to 0;R\in\mathscr{R}\}} \frac{1}{|R|}\int_R \chi_F(x-y)\,\mathrm{d}y = 0 \qquad (2)$$

与式(1)矛盾.

在这个问题中存在曲率,因为 $\mathscr{R}$ 中的长方体有任意的方向,所以基本的几何对象是一个圆. 不难看到,如果我们限制长方体只有有限个方向,上面的论证失败,其中基本的几何形状是一个多面体. 事实上,在这种情形已知一个正面的结论成立,见 [32],第 X 章和包含在那里的文献.

二、投影和三角多项式

令 $T(x,y)$ 是一个两个变量的三角多项式(高维情形更困难)

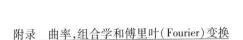

$$T(x,y) = \sum_{(n,m)\in \mathbf{Z}^2} c_{n,m} \mathrm{e}^{\mathrm{i}(nx+my)} \qquad (3)$$

其中只有有限个系数 $c_{n,m}$ 不是 0. 给定一个集合 Ω,定义一个投影 P_Ω 通过

$$P_\Omega T(x,y) = \sum_{(n,m)\in\Omega} c_{n,m} \mathrm{e}^{\mathrm{i}(nx+my)} \qquad (4)$$

自然地去测量 P_Ω"扭曲"多项式 $T(x,y)$ 到何种程度. 为了这个目的,我们称 P_Ω 是有界的,如果存在一个常数 C_Ω 使得对每个多项式 T 有

$$\max_{x,y}|P_\Omega T(x,y)| \leqslant C_\Omega \max_{x,y}|T(x,y)| \qquad (5)$$

属于 E. Belinsky 的一个优美的结果称如果 Ω 是一个宽为 Δ,斜率为 λ 的带,即

$$\Omega = \{(n,m)\in\mathbf{Z}^2 : |m-\lambda n| \leqslant \Delta\}, \lambda\in\mathbf{R}, \Delta>0 \quad (6)$$

则 P_Ω 是有界的当且仅当 λ 是有理数. 我们呈现的证明在 [33] 中能找到, Alex Iosevich 感谢 A. Podkorytov 为他指出来.

回顾在关于凸区域内格点分布的一节中,在被旋转的立方体的背景下我们论证了由普遍存在的不合理旋转所提供的"算术"曲率导致在那个问题中很小的误差项. 我们将看到这里的情况完全相反. 我们对 λ 是有理数的情形兴趣不大,所以只处理无理数的情形. 使用鸽笼原理,或者在这种情形下经常被称为迪利克雷原理,我们能找到一个不可约分数 $\dfrac{p}{q}$,使得

$$\left|\lambda - \frac{p}{q}\right| \leqslant \frac{1}{q^2} \qquad (7)$$

令 L 是通过点 $(0,0)$ 和 (q,p) 的直线. 由 $\dfrac{p}{q}$ 的不可约性, L 上所有的整数点都具有形式 (kq,kp), $k\in\mathbf{Z}$. 由此

推出对某个 $N>0$, 有

$$\Omega \cap L = \{(kq, kp) : k \in \mathbf{Z}, |k| \leqslant N\} \qquad (8)$$

我们将阐明

$$N \geqslant q\Delta \qquad (9)$$

记 $\lambda = \dfrac{p}{q} + \dfrac{\delta}{q^2}$, 其中 $|\delta| < 1$. 对 $|k| \leqslant q\Delta$, $(kq, kp) \in \Omega \cap L$, k 满足关系式

$$|kp - \lambda kq| = \frac{|k\delta|}{q} \leqslant \frac{|k|}{q} \leqslant \Delta \qquad (10)$$

且 (9) 由此得到.

现在考虑那些当 $(n, m) \notin L$ 时系数 $c_{n,m}$ 是 0 的多项式. 由上面的讨论, 这样的多项式 T 有形式为

$$P_\Omega T(x, y) = \sum_{|k \in \mathbf{Z}, |k| \leqslant N} a_k e^{ik(qx+py)}$$ 的投影.

一个涉及把一个三角多项式写成与 Fejér 核的卷积的简单一维计算表明 (5) 只有当 $\log(N) \lesssim C_\Omega$ 时才成立. 由 (9) 给出

$$\log(q\Delta) \leqslant \log(N) \lesssim C_\Omega \qquad (11)$$

这意味着 (5) 不可能对于一个有界常数成立, 因为 q 可能任意大.

§4   结   论

我们讨论的例子遵循下面简单的思维模式

$$\text{曲率} \quad \overset{\text{傅里叶变换}}{\Rightarrow} \quad \text{消失性} \Rightarrow \text{意想不到的结果} \qquad (1)$$

爱尔迪希距离问题, 遵循模式

$$曲率 \overset{组合学}{\Longrightarrow} 意想不到的结果 \qquad (2)$$

然而,这个结果应用到 Fuglede 猜想则严格纳入到(1)的框架中. 事实上,证明球不是谱的主要关键点是使用爱尔迪希距离问题去证明球 B_d 边界的曲率蕴涵性质

$$\sum_{a \in A} |\hat{\chi}_{B_d}(\xi - a)|^2 \equiv |B_d|^2, \forall \xi \in \mathbf{R}^d \qquad (3)$$

不可能对任意"合理的"离散集 A 成立. 在效果上,这意味着球的边界的曲率阻止了消失性的发生! 词"消失性"应该宽松地理解,因为我们是求正项的和. 我们的意思是项应该比为了(3)成立所"期望的"小些,因为每一项可能接近于 1.

在圆盘中格点的情形,(1)取下面的形式

$$曲率 \overset{傅里叶变换}{\underset{泊松求和公式}{\Longrightarrow}} 消失性 \Rightarrow 好的误差项 \qquad (4)$$

而在立方体的情形我们有

$$没有曲率 + 旋转 \overset{傅里叶变换}{\underset{泊松求和公式}{\Longrightarrow}} 消失性 \Rightarrow 好的误差项 (5)$$

消失性的概念在这里是十分经典的. 曲率导致形式为 $\int_{\partial D} e^{-2\pi i x \cdot \xi} d\sigma(x)$ 的三角积分当 ξ 很大时很小,尽管被积函数的模恒为 1. 这个积分反而是得到非平凡且经常是最好可能结果的关键.

参考文献

[1] CANTOR G. Über eine Eigenschaft des Inbegriffes aller reelen algebraischen Zahlen[J]. J. Reine Angew. Math. ,1874,77:258-262.

[2] PICK G. Geometrisches zur Zahlenlehre [J]. Sitzungsber. Lotos Prague,1899,19:311-319.

[3] SCOTT P R. On convex lattice polygons[J]. Bull. Austral. Math. Soc. ,1976,15(3):395-399.

[4] GRÜNBAUM B,SHEPHARD G C. Pick's theorem [J]. Amer. Math. Monthly,1993,100:150-161.

[5] STURMFELS B. Polynomial equations and convex polytopes[J]. Amer. Math. Monthly, 1998, 105 (10):907-922.

[6] STANLEY R P. The number of faces of a simplicial convex polytopes [J]. Adv. in Math. , 1980, 35 (3):236-238.

[7] KRASAUSKAS R. Toric surface patches[J]. Advances in Computational Mathematics,2002,17(1): 89-113.

[8] SCHICHO J. A degree bound for the parameterizations of a rational surface[J]. J. Pure Appl. Alg. , 2000,145(1):91-105.

［9］ REEVE J E. On the volume of lattice polyhedra［J］. Proc. London Math. Soc. ,1957,3（1）:378-395.

［10］ LAGARIAS J C,ZIEGLER G M. Bounds for lattice polytopes containing a fixed number of interior points in a sublattice［J］. Canad. J. Math. ,1991,43:1022-1035.

［11］ DEL PEZZO P. On the surfaces of order n embedded in n-dimensional space［J］. Rend. mat. Palermo,1887,1:241-271.

［12］ JUNG G. Un'osservazione sul grado Massimo dei sistemi lineari di curve piane algebriche［J］. Annali di mat. Pura ed Applicata,1890,18（1）:129-130.

［13］ POONEN B,RODRIGUEZ-VILLEGAS F. Lattice polygons and the number 12［J］. Amer. Math. Monthly,2000,107（3）:238-250.

［14］ PICK G A. Geometrisches zur Zahlenlehre［J］. Sizenber. Lotos（Prague）,1899,19:311-319.

［15］ SCHICHO J. Simplification of surface parameterization—a lattice polygon approach［J］. J. Symb. Comp. ,2003,36（3）:535-554.

［16］ 闵嗣鹤. 格点和面积［M］. 哈尔滨:哈尔滨工业大学出版社,2012.

［17］ HARDY G H,WRIGHT E M. An introduction to the theory of numbers［M］. Oxford:Oxford University Press,1979.

［18］ 华罗庚. 数论导引［M］. 北京:科学出版社,

1957.

[19] NATHANSON M B. Additive number theory the classical bases [M]. New York: Springer-Verlag, 1996.

[20] 冯克勤.平方和[M].哈尔滨:哈尔滨工业大学出版社,2011.

[21] OSSERMAN R. A sharp Schwarz inequality on the boundary[J]. Proc. Amer. Math. Soc. ,2000, 128(12):3513-3517.

[22] AHLFORS L V. An extension of Schwarz's Lemma [J]. Trans. Amer. Math. Soc. ,1938,43(3):359-364.

[23] AHLFORS L V,SHORTT R M. Collected papers [M]. Boston-Basel-Stuttgart:Birkhäuser,1982.

[24] OSSERMAN R. Conformal geometry,in the mathematics of Lars Valerian Ahlfors[J]. Notices Amer. Math. Soc. ,1998(45):233-236.

[25] OSSERMAN R. A new variant of the Schwarz-Pick-Ahlfors Lemma [J]. Manuscripta Math. , 1999,100(2):123-129.

[26] BONK M,EREMENKO A. Covering properties of meromorphic functions, negative curvature and spherical geometry[J]. Annals of Mathematics, 2000,152(2):551-592.

[27] STEIN E M, WAINGER S. Problems in harmonic analysis related to curvature [J]. Bull. Amer. Math. Soc. ,1978,84:1239-1295.

[28] ERDÖS P. On sets of distances of n points[J].

Amer. Math. Monthly,1946,53:248-250.

[29] STEIN E M, WEISS G. Introduction to Fourier a-nalysis on Euclidean spaces[M]. Princeton:Princeton University Press,1971.

[30] HUXLEY M. Area,lattice points, and exponential sums[M]. Oxford:Clarendon Press,1996.

[31] SOGGE C D. Fourier integrals in classical analy-sis[M]. Cambridge:Cambridge University Press, 1993.

[32] STEIN E M. Harmonic analysis[M]. Princeton: Princeton University Press,1993.

[33] MAKAROV B, GOLUZINA M, LODKIN A A, et al. Selected problems in real analysis[J]. Trans. Math. Monographs, Amer. Math. Soc. , 1992:357-359.

编辑手记

怎样将艰深难懂的近代数学理论向广大的大中学生进行普及.寓教于乐是个好办法.有许多人对中国学生中小学阶段计算能力明显高于世界其他各国中小学生感到百思不得其解,后来找到了一个独特的解释——得益于中国的小九九乘法表.因为中文中 1~9 都是单音阶,所以中国学生易背诵,而且早就如此:

如无锡城南公学堂编辑的《学校唱歌集》(1906),其中许多乐歌都对新兴学科做了解说:"加减乘阶端始基,九数立通例.点线面体究精义,思想入非非.天元代数种种难题,演草明真理.中西算术日新奇,制出精良器"(乐歌《数术》);"泰西文字列专科,学术同研究.字分八类条理多,文法莫差讹.有音无音廿六字母,声韵宜合度.愿诸君博览西书,殚精相切磋"(乐歌《英文》);"动

植矿物遍地纷纶,距离算术考察精.声光化电尤研究,标本仪器辨分明.纵云欧美新学问,格致发明推圣经.愿吾青年,酌古又准今,他日博学乃成名"(乐歌《格至》).乐歌的作者通过音乐的形式向学生普及了对传统国人甚为陌生的数学、英语、物理、地理、天文等来自西方的知识.这种贴合人情的宣传方式削弱了新知识所带来的"陌生"感.

近年来有一种方法似乎不用公式与字母就可对近代数学成果进行普及.但笔者认为这样的科普并非真正的科普,领悟数学精神可以,但体会数学之美还是要靠公式,只不过需要一块恰当的敲门砖.

人们问短跑巨星迈克尔·约翰逊为什么选择这种跑步姿势,他说:"我只会这样跑!"

在中学阶段多学一点新知识尤为重要.北京大学社会学教授郑也夫专门研究了中国学生的复习问题,结果表明要想取得高分,复习是法宝.中国的教育方式是用大量的时间去复习,在高中阶段只是围绕考大学要用到的知识反复复习,最后达到近乎条件反射的程度.这对将来要成为一个学术人来讲伤害极大,所以真正学有所成的大师——像陈省身先生到中学去就叮嘱学生不要打 100 分,70 分就行,剩下的时间和精力干什么,多多学习自己感兴趣的各学科的新知识.

在 20 世纪 80 年代全国各师范院校都开设一门叫作"解题研究"的课程.其目的就是为了培养数学教师具有良好的解题胃口,但既然叫研究就不能单靠刷题来解决.作为教师应充分了解每一道试题的背景,这样才能一次解决一批题而不是一道题.同时也对学生成长有利,相当于给学生开了许多课程.课程一词源于拉

173

丁语,原意是"跑道".学校课程研究院院长秦建云说,"开设不同的课程,就是为了给学生开辟成长所需要的不同'跑道'.""过去,我们的学生就像一节节车厢,在升学、分数的单一跑道上被动前行;现在,学生装上了'发动机',变成了'动车',在不同的跑道上奔驰."

中国的教育,特别是数学教育广受诟病的一个现象是从小学到大学甚至到博士毕业都是在做别人的题目,而不善于提出自己的问题.

常用 google 的人都知道,google 提供一个"计算器"的功能.比如,你用 google 搜索"13 * 17 * 9",或搜索"2^6",都会在搜索结果页面最上方显示一个计算器,给出计算的答案.

然后,你试一下搜"the answer to life, the universe and everything"会怎么样? ——返回的搜索页面,居然也会出现计算器,给出答案:42.

手里有苹果家产品的,还可以问问 Siri, "What's the meaning of life?" Siri 照样回答你:42.

谷歌和苹果这都是向一个极客圈里无人不知的典故致敬,这个典故来自道格拉斯·亚当斯的《银河系漫游指南》.这本科幻小说里,有一个具有高度智慧的跨纬度生物种族,为了找出"生命、宇宙以及任何事情的答案",用整个星球的力量造出一台超级电脑"深思"(deep thought)来进行计算."深思"花了 750 万年来计算和验证,最后得出了"正确答案":42.

人们问 42 到底是什么意思,"深思"说:"只有你懂得了提问,才真的理解答案."(Only when you know the question, will you know what the answer means.)

把这个片段拆为己用:我们问人问题的时候,要想

方设法提能真正从中得到学习的问题,而在回答别人(孩子、学生、下属……)提问时,提醒他不要太关注正确答案,促进他去思考自己的提问.

2014 年高考刚刚结束,在笔者的微信中有人晒出了高三阶段领学生做过的练习册.用等身形容一点不为过,题量是有了,还有一个质的问题.

最近俄罗斯的出版机构频频向工作室推荐他们的几何精品图书.如沙雷金的《俄罗斯几何大师》、波拉索洛夫的《俄罗斯立体几何问题集》,其中题目精良.加之在斯普林格出版社购买的中、英文版权的《解析数论问题集》,甚至包括在罗马尼亚出版机构购买的《数学奥林匹克问题集》等都体现了不俗的品位.

法国著名的厨房毒舌哲学家萨瓦兰曾说,告诉我你吃的是什么,我就能说出你是怎样的人.吃饭,不仅填充能量,也无意中形塑我们的人格,我们很难想象苏小小天天大葱蘸酱,也很难想象鲁智深夜深人静不喝酒,而去煮一碗红豆小圆子.在不同的饮食系统中,其实蕴藏着最深刻普遍的文化系统,不妨说,读懂一个人的胃,才能读懂一个人的脑.

同理,只要看一看一个学生读的课外读物,他做过的题目,就知道他是一个什么层次的学生.学霸与学渣立见分晓!

刘培杰
2017 年 4 月 12 日
于哈工大